按功效
加强篇

跟着拾爸做辅食

30 分钟搞定
宝宝爱吃的营养餐

U0150110

拾味爸爸　著

中国轻工业出版社

目录

添加功能性辅食 ★
的基本原则

补钙这么吃，
宝宝长得高、长得壮

补碘这么吃，
满足宝宝成长所需

4 补膳食纤维这么吃，宝宝排便更轻松

5 补铁这么吃，预防缺铁性贫血

6 补锌这么吃，让宝宝更有食欲

7 补DHA这么吃，保证宝宝大脑发育所需

添加功能性辅食
的基本原则

不吃钙片也能让
宝宝远离缺钙

很多朋友自从有了娃，就老是担心孩子缺钙，而身边的亲戚朋友也有浓浓的补钙情结。就连去看儿保科医生，都经常会被叨叨："这钙片还是得吃。"好像宝宝身体稍微有点什么异样，都跟缺钙有关。

宝宝个头偏小？睡觉不踏实，总是醒来，常常哭闹？容易出汗？头发稀少，牙齿不齐？……据说都是缺钙造成的。

这些说法当然不科学，但钙确实是宝宝生长发育很重要的营养元素。

那么，宝宝到底缺不缺钙？吃啥补钙？钙片是吃还是不吃？

其实钙虽然不可或缺，但在天然食物里含量非常充足，只要饮食搭配得好，根本不需要再吃钙片。不过很多家长除了牛奶之外，对其他补钙食材一无所知。或者虽然了解一些补钙食材，但宝宝却不爱吃，不知道如何是好。

别担心，下面我们就来把补钙的知识和高钙食材梳理一下，顺便把这些食材的菜谱也都整理起来。这样大家就不但知道吃什么补钙，也不怕做得不好吃宝宝不喜欢了。

足量饮奶，是补钙的最有力保障

我们先来看看宝宝添加辅食之后，每天需要补充多少钙、应该喝多少奶。

年龄	每日钙需求量	每日推荐饮奶量
7~12个月	250mg	600mL
1~3岁	600mg	500mL
4~6岁	800mg	350~500mL

注：数据来自中国营养学会所编著的《中国居民膳食指南（2016）》。

再来看看母乳、牛奶和配方奶各自的钙含量。

食物	钙含量（每100mL）	食物	钙含量（每100mL）
母乳	30mg	纯牛奶	104mg
2段配方奶	75mg（平均值）	3段配方奶	96~119mg

注：本文中的营养数据都来自中国疾病预防控制中心营养与食品安全所所编著的《中国食物成分表（2009）》。配方奶的数据来自包装上的标签。

7~12个月

这一阶段宝宝还是以母乳或配方奶为主要食物，同时已经开始添加辅食了。如果宝宝每天的母乳摄入量达到600mL，只摄入180mg的钙，就能满足大部分的需求了。剩下的70mg靠在辅食中添加一些高钙的食物，是可以达到钙的摄入量的。

如果宝宝喝的是配方奶，适合这个时期的2段配方奶每100mL中钙的含量基本可达75mg左右，高出母乳一倍，所以喝配方奶的宝宝就更不用担心会缺钙了。

1岁以上

这个年龄段的宝宝每天对钙的需求剧增到600mg以上了，补钙的压力也越来越大了。所以就算宝宝在吃饭时饭量比较大，也要喝足量的奶。

1岁以上的宝宝就可以喝牛奶了，但如果你坚持给宝宝喝配方奶，就需要注意一下配方奶中的钙含量。2段配方奶中钙的含量明显偏低，不适合这阶段的宝宝。而3段配方奶不同品牌间钙的含量也有很大差异，挑选时请仔细阅读营养元素含量表。

为什么要继续给宝宝喝这么多奶？

虽然从数量上看，牛奶中钙的含量并不是最高的（104mg/100mL），比后面要介绍的很多高钙食材钙含量都要低。但牛奶是液体，每天轻轻松松喝两杯，饮用500mL一点都不难。而其他食物想要每天都吃这么多就不是这么容易的事了。

宝宝如果每天能喝500mL的牛奶，可以获得500mg的钙，对钙的需求量就可以基本被满足了。

除了牛奶，奶制品也是很好的钙的来源。酸奶的含钙量跟牛奶差不多，而且更好吸收，而奶酪含钙量比牛奶还要高好几倍。市售酸奶一般含糖比较多，如果宝宝天天都喝，就要挑选低糖的，或者在家里自己做。

大豆和豆制品也是补钙能手

大豆包括黄豆、黑豆、青豆（注意：绿豆、红豆不算），本身就富含钙，再加上很多豆制品在制作时都要使用钙盐，所以豆制品的补钙能力也毫不逊色！

每100g豆腐含钙量是164mg，跟牛奶比起来丝毫不逊色。而豆腐皮和香干的钙含量甚至高达豆腐的两倍以上。

但要注意的是，不是所有的豆腐都能补钙。内酯豆腐的含钙量就很低，选购时要注意甄别。豆浆和豆腐脑也不是补钙食品，因为被大量的水稀释后，大豆中的钙就所剩无几了。

小芝麻，大身手

每100g白芝麻的钙含量足足有620mg，是牛奶的6倍，黑芝麻更是高达780mg。除此之外，芝麻还含有大量的钾、镁、铁、锌等矿物质，以及大量的维生素E、维生素B$_1$、烟酸，可以说是营养物质的浓缩。

芝麻虽好，但芝麻中的钙大多存在于硬壳中，难以消化，所以吃芝麻的最好方法就是做成芝麻酱或芝麻糊。特别是芝麻酱，不但好吸收，还特别香，想要调味的时候来上一小勺。虽然每次吃得不多，但在不知不觉中就把钙给补了。

蔬菜也是不能忽视的补钙好手

蔬菜是会被忽略的一大类补钙食材。很多蔬菜的钙含量往往出乎意料。以油菜为例，每100g油菜中钙的含量就可达到108mg，比牛奶的钙含量还要高。如果宝宝每天喝奶量足够，再吃200~300g富含钙的蔬菜，一天钙的摄入量就足够了。所以，多吃菜这三个字永远都不会错。

当然，蔬菜的钙含量差别也是相当大的，下面这些都是钙含量比较丰富的蔬菜，大家平时买菜可以多买这些青菜。

食物	钙含量（每100g）	食物	钙含量（每100g）
黄花菜	301mg	芥蓝	128mg
雪里蕻	230mg	油菜	108mg
苋菜	187mg	豌豆	97mg
毛豆	135mg	小白菜	90mg

水产类的食材需要仔细挑选

水产品里，有一些食材钙含量比较丰富，比如鲈鱼、海虾、河虾、牡蛎、蛤蜊、扇贝。这些新鲜水产品的钙含量都不比牛奶低，同时也是补充蛋白质的好食材。

虾皮等海产品含钙量也相当高。但购买这些产品时一定要选低盐的，否则如果摄入的钠太多，就得不偿失了。

食物	钙含量（每100g）	食物	钙含量（每100g）
虾皮	991mg	扇贝	142mg
海米	555mg	鲈鱼	138mg
河虾	325mg	蛤蜊	133mg
海虾	146mg	牡蛎	131mg

菌菇类食材补钙么？

很多菌菇食材泡发后钙含量就大大降低了。比如说黑木耳，泡发前的钙含量是247mg/100g，泡发后就下降到34mg/100g。

补钙时还要注意些什么？

补充维D比补钙更重要

维生素D属于人体必需的营养元素，人体缺乏维生素D时会影响正常的生长发育，能够促进人体钙的吸收。天然食物中含维生素D的非常少，除了三文鱼等少数几种深海鱼类。

宝宝每天需要保证400IU（10μg）维生素D的摄入量。维生素D可以说是宝宝唯一需要专门补充的"保健品"了。

大量食用草酸会影响钙的吸收

一些蔬菜里含有草酸。大量食用草酸会在消化道里跟钙结合产生不能被消化的草酸钙。而被吸收进身体里的草酸还可能在肾脏和钙相遇形成肾结石。草酸含量比较高的食物，除了大家都知道的菠菜之外，还有苋菜。食用前将其焯水可降低草酸浓度。

骨头汤不补钙

老一辈的人一说到补钙就会想到骨头汤。但其实骨头里的钙很难跑到汤里面来。骨头汤里含的钙不到牛奶的10%，而脂肪却不少。

补铁的正确姿势，
你掌握了吗？

补铁，实际上是在说"如何通过膳食来预防缺铁性贫血"。如果宝宝已经发生贫血，父母应该马上带宝宝看医生，能引起贫血的除了缺铁还有其他原因，父母千万不要为了坚持"食疗"而延误病情。

铁有什么用？

铁在我们的身体里担负了很多重要的功能，其中最为大家熟悉的一项就是合成血红蛋白。我们呼吸的时候，氧气会在肺部进入血液，血红蛋白的任务就是跟这些氧气结合在一起，并把它们运送到全身的器官。如果体内铁不足，身体就没法产生足够的血红蛋白，这时候我们就患了缺铁性贫血。贫血会导致宝宝出现很多严重的问题，包括生长发育不良，特别是智力发育迟缓。

宝宝每天都需要从食物中获取铁，来满足生长、发育的需要。美国国家医学科学院推荐6~12个月儿童每日铁的摄入量是11mg，1~3岁是7mg/日，4~8岁是10mg/日。

为什么缺铁需要重视？

缺铁性贫血在全世界范围内是个普遍现象，据世界卫生组织的统计，全世界有20亿人贫血，占了世界人口的30%。我们国家的贫血发生率在20%左右，儿童和孕妇贫血的发生率要更高一些，其中一个重要的原因就是缺铁。这相当于不到五个儿童就有一个贫血，所以不要对缺铁掉以轻心。

肉类的补铁效果要比植物性食物好吗？

食物中的铁可以分为两种形式：血红素铁（Heme Iron）和非血红素铁（Nonheme Iron），血红素铁主要来自动物，而非血红素铁来自植物。我们的身体对这两种铁的吸收能力是不一样的，血红素铁的吸收率可以到达15%~40%，而且受其他因素影响小；而非血红素铁的吸收率只有1%~15%，还经常会受其他因素影响。因此，肉类中含的铁，更容易被身体吸收。

补铁的正确姿势，你掌握了吗？

下面列举一些我们经常吃的肉类的铁含量提大家参考：

分类	食物	含铁量（每100g）
畜肉	猪瘦肉	3.0mg
	牛瘦肉	2.8mg
	羊瘦肉	3.9mg
禽肉	鸡肉	1.4mg
	鸭肉	2.2mg
鱼类	草鱼	0.8mg
	鲫鱼	1.3mg
	鲈鱼	2.0mg

仅从补铁的角度来说，畜肉要优于禽肉，禽肉要优于鱼肉。但我们制定菜谱不能单从一个方面去考虑，要做到营养均衡。

如何科学地给宝宝补铁

一些深绿色的蔬菜（芥菜、苋菜、茼蒿等）、坚果类（核桃、松子、腰果、花生、芝麻等）这些食物虽然含铁量比较高，并不代表他们的补铁效果就很好。天然植物含有一些物质：植酸、草酸、多酚、植物蛋白等。这些物质会妨碍其本身的非血红素铁的吸收，但还是有一些办法可以增加这个吸收率：

- 维生素C可以增加非血红素铁的吸收率，所以饭前或饭后吃点含维生素C丰富的水果对宝宝补铁很有帮助；
- 肉类本身就是很好的铁来源，而当他们跟植物性食物一块吃下的时候还能帮忙提高非血红素铁的吸收率，可见肉类对补铁的意义有多大。

食物中的钙会阻碍非血红素铁的吸收。牛奶中含有丰富的钙，因此宝宝也不适合喝太多的牛奶，美国儿科学会（APP）的建议是1岁以上儿童每天不喝超过960mL的牛奶。

猪肝含铁量高，可以常吃吗？

一些动物内脏比如猪肝，含铁确实很丰富，而且吸收率也高。但这类食物除了本身容易富集重金属等毒素残留不宜多吃外，还有一个常常被忽略的问题。

猪肝除了含铁，还有大量的维生素A，维生素A虽然也是营养物质，但我们身体需要的并不是太多，宝宝吃10g左右的猪肝就会导致当天的维生素A超量。长期食用容易引发身体不适。动物的肌肉，即猪、牛、羊、鸡、鸭、鹅、鱼肉等才应该是宝宝的主要肉类来源。

鸡蛋黄、菠菜、木耳、红糖补铁效果好吗？

这些食物的补铁效果并不出众，把它们当普通食物就好了。

蛋黄常常被作为一种好很的补铁食物给刚添加辅食的宝宝食用。但这种做法并不十分科学，每个蛋黄也只有十几克，而每100g蛋黄的含铁量是2.7mg，而且大部分是非血红素铁，吸收率低。

菠菜铁含量丰富，但它同是也含大量的草酸。草酸会跟铁相结合，形成沉淀，不能被肠道吸收，因此菠菜的补铁效果并不出众。

干木耳吸水泡开后，体积剧烈膨胀，每100g木耳中铁的含量仅为5.5g，虽然与其他植物性食物相比略高，但补铁效果也很一般。

红糖的补铁功效更是被神化到了极致。每100g红糖只含铁2.2mg，兑水稀释后铁含量更是不超过1mg，补铁之说真不知道是哪里来的。

需要给宝宝吃铁强化食品吗？

儿童缺铁是一个全球性问题，各国政府也相当重视。很多国家都在推广铁强化食品。婴幼儿如果在胎儿期没有从母体获得并储备足够的铁元素，很容易发生缺铁性贫血，所以在辅食添加过程中要补充适量强化铁。常见的强化铁食品主要有：早餐谷物、饼干、面包等。

需要担心宝宝会摄入太多的铁吗？

超量摄入的铁，身体会把它们存起来以备将来之需。如果储存的铁比较多，身体还会主动降低肠道对铁的吸收率，使体内的铁保持在一个比较合理的水平。

但如果摄入的铁太多，超过了身体的调节能力，也会增加铁中毒的风险。那么摄入多少才会中毒呢？美国国家医学科学院给出的指导是13岁以下的儿童每天摄入40mg。一般而言，如果不是经常吃猪肝、鸡血这种铁含量高得离谱的食物，仅日常膳食是很难达到这个水平的。

🔊 拾爸碎碎念

帮宝宝培养清淡的口味、建立均衡的饮食，会让他们受益终生。

宝宝补锌 "干货篇"

锌是什么?

锌是人体必需的一种微量元素，在生命活动的方方面面都发挥着重要的作用。人体里有100多种酶的活动需要锌的参与，免疫系统的正常工作、蛋白质的合成、伤口愈合、DNA合成、细胞分裂都离不开锌。

也正是因为如此，所以如果宝宝一旦缺锌，影响可能会是多种多样的。

缺锌有什么表现?

（1）缺锌会影响宝宝的味觉功能，使宝宝的食欲减退，甚至出现异食癖，比如喜欢吃泥土、煤渣、指甲等。

（2）伤口愈合需要锌的参与，所以宝宝缺锌之后，伤口经常久久不能愈合，口腔里也会时不时地长出溃疡。

（3）缺锌会妨碍生长激素的正常分泌，影响身体发育，使宝宝身材变得矮小。

（4）缺锌还会损害免疫功能，让宝宝反复患上呼吸道感染或支气管肺炎等感染性疾病。

（5）如果宝宝长期缺锌，还会影响神经细胞的正常工作，出现智力发育落后的情况。

很多家长一看到宝宝没有食欲、偏食，就断定宝宝一定是缺锌了。其实宝宝不爱吃饭的原因很多，有可能是因为零食吃多了，或者饮食习惯不规律，又或者仅仅是因为饭菜不好吃。

如果怀疑宝宝缺锌，也应该由医生检查评估后才决定到底要不要喝补锌口服液。自己随便乱补，如果量没控制好，一不小心就会补过量。

锌虽然很重要，但过量补锌也会造成伤害

摄入过量的锌会出现呕吐、腹痛、腹泻等消化道症状，过高的锌水平还会抑制白细胞的吞噬作用和杀菌能力，使人体抵抗力下降，容易遭受致病菌侵袭。那么到底适量和过量的标准在哪呢？

年龄	推荐摄入量（RNI）	可耐受最高摄入量（UL）
0~6个月	2.0mg/日	—
7~12个月	3.5mg/日	—
1~3岁	4mg/日	8mg/日
4~6岁	5.5mg/日	12mg/日

注：数据摘自中国营养学会所编著的《中国居民膳食营养素参考摄入量（2013）》。

1~3岁宝宝锌的推荐摄入量是4mg/日，而可耐受最高摄入量仅为8mg，差距其实非常小。如果我们轻信广告里所说的，胡乱给宝宝喝补锌口服液，稍不留神就会补过量了。

实际上，除非宝宝真的缺锌，或者在特殊情况下（比如说长期拉肚子），才需要靠锌制剂来补锌。一般情况下，最佳的办法还是通过饮食来保证宝宝获得足量的锌。

日常饮食如何保证足量的锌

6个月内的宝宝，只要奶量充足，母乳或配方奶都可以保证宝宝足够的锌摄入量。

而对于7~12个月的宝宝，特别是纯母乳喂养的宝宝，及时添加辅食就非常重要。6个月之后，母乳中的锌就已经不能完全满足宝宝的需要了，所以辅食加晚了可能就会导致宝宝缺锌。配方奶喂养的宝宝反而不需要太担心，因为目前市售的配方奶都对锌作了强化。

1岁以上的宝宝，母乳或配方奶的主导地位开始让位给其他食物。这时我们在给宝宝制定菜谱时更应该考虑给宝宝多吃含锌丰富的食物。

在挑选富锌食物时，我们都会特别关注那些含锌量特别高的，比如说生蚝、猪肝等。这些食物确实补锌的效果非常好，但毕竟这些食材不是每天都能吃的。所以要保证宝宝有足够的锌，那些含量比平均水平高一些而且经常能吃到的食物才应该是我们关注的重点，这些食物才构成宝宝的日常饮食。下面我们就来介绍一下这些补锌食物。

补钙的重要原则，在这里依然有效：足量饮奶很重要！

食物	锌含量（100mL）	食物	锌含量（100mL）
母乳	0.28/mg	配方奶（3段）	0.5~0.8
牛奶	0.42/mg	奶酪（大孔、切达、马苏里拉）	3.6~4.0mg/100g
酸奶	0.53/mg		

注：奶类和奶制品的锌含量。

牛奶和奶制品补钙的功效相信大家都已经很清楚了，但很多人不知道的是其实牛奶里的锌含量也是不容小觑的。美国儿科学会也把奶制品作为富锌食物推荐给美国的妈妈们。

一个3岁宝宝，如果每天喝500mL的牛奶，就相当于摄入了2.1mg的锌，一天需要的量也就满足一半了。所以喝奶对于补锌来说也是相当重要的。

年龄	每日推荐饮奶量	年龄	每日推荐饮奶量
7~12个月	600mL	4~6岁	350~500mL
1~3岁	500mL		

注：数据来自中国营养学会所编著的《中国居民膳食指南（2016）》。

肉类也是补锌的常规部队

食物	锌含量（100g）	食物	锌含量（100g）
猪瘦肉	2.99/mg	鸡肉	1.09/mg
猪肝	5.78/mg	鸡肝	2.4/mg
牛瘦肉	3.71/mg		

有了充足的饮奶量，要让宝宝获得足够的锌就不会太难了。肉类是我们每天都会吃的富锌食物，而红肉（猪、牛、羊）又优于禽肉（鸡、鸭、鹅）。要给宝宝补充1mg的锌，其实只需要吃33克的猪肉。

海鲜类食材，补锌高手云集

食物	锌含量（100g）	食物	锌含量（100g）
生蚝	71.2/mg	蛤蜊	2.38/mg
扇贝	11.69/mg	蛏子	2.01/mg
海蛎子	9.39/mg	虾皮	1.93/mg
鲈鱼	2.83/mg	基围虾	1.18/mg

除此之外，经常给宝宝吃鲈鱼、蛤蜊、基围虾等，可以很好地补充奶制品和肉类的不足。

植物性食物也不能忽视

有些植物性食物中含有植酸，植酸会跟锌结合，可以影响锌的吸收。所以对于补锌而言，植物性食物的效果不如动物性食物。

然而我们中国人日常饮食中，植物性食物占的比重比动物性食物要大得多，所以认识一下含锌量高的植物性食物，对于帮助宝宝获取足够的锌也是很有必要的。

含锌比较丰富的植物性食物为坚果类和豆类，菌菇类食物里口蘑的锌含量比较出众。

种类	食物	锌含量（100g）
大豆、豆制品	黄豆	3.34/mg
	黑豆	4.18/mg
	腐竹	3.69/mg
	腐竹	3.2/mg
鲜豆	豌豆	2.35/mg
	豇豆	3.04/mg
菌菇	口蘑	9.04/mg
坚果、种子	松子仁	4.61/mg
	杏仁	4.3/mg
	腰果	4.8/mg
	花生仁	2.5/mg
	白芝麻	4.21/mg
	黑芝麻	6.13/mg

钙 是体内含量最多的矿物质，99% 存在于骨骼和牙齿之中，1% 的钙分布于血液、细胞间液及软组织中。能增强宝宝脑神经组织的传导能力。补钙的关键是吸收，单纯补钙并不能增加宝宝对钙的吸收，要在维生素 D 的帮助下，钙才能被顺利地吸收到体内。

2

补钙这么吃，
宝宝长得高、长得壮

金瓜炖蛋

— 食材

小金瓜 1个 ┃ 鸡蛋 1个 ┃ 温水 60g ┃ 虾皮 3g

虾皮，并不是指虾的皮，而是指海里最小的虾，也叫毛虾。毛虾的肉晒干后几乎尝不到肉，但钙质含量却远比牛奶要高，素有"钙库"之称。虾皮蒸蛋味道鲜美，放入金瓜盅中同蒸，就变身为一道集营养和味道于一身的快手菜。这道金瓜炖蛋，金灿灿的外表，加上南瓜香糯的口感，会让孩子们更爱吃。

扫码观看视频

🍲 步骤

1 虾皮提前用清水泡软，去除杂质。

2 把金瓜切下1/3，用勺子挖出子。

3 冷水上锅，大火蒸12分钟。

4 将泡软的虾皮切碎。

5 在盛虾皮的碗里打一个鸡蛋，拌匀。

6 加入温水，再次搅匀。

7 把蛋液倒入金瓜盅里。

8 大火煮开后转中火，蒸约8分钟，至蛋液凝固即可出锅。

小贴士 🍴

1 虾皮在捕捞过程中会有杂质，但无论是生晒还是熟晒，虾皮都会含有一定的盐分，最好在烹饪前浸泡一段时间，去除多余的盐分。

2 金瓜是南瓜的一个品种，和其他蔬菜不同，越老的金瓜反而越甜，所以想要吃到甜糯的口感，最好选择老金瓜。挑选时，如果柄硬而干燥，说明是老金瓜，买回去可以直接吃。如果柄软而嫩，最好放置一段时间再吃。

3 蛋液和水的比例为1:1，水尽量加温水，这样做出来的蛋羹口感滑嫩。将蛋液表面的小泡泡用汤匙轻轻撇去，成品会变得更漂亮。

牛肉豆腐小软饼

11~12
个月以上

🍲 **食材**

牛肉 40g ▌北豆腐 100g ▌胡萝卜 20g ▌洋葱 10g ▌
蛋黄 1个 ▌玉米淀粉 5g ▌植物油 适量

扫码观看视频

对于 咀嚼消化能力尚弱的小宝宝来说，直接吃牛肉有些勉强。这道牛肉豆腐小软饼，用到了豆腐这种质地柔软而且好消化的食材来搭配牛肉，软硬适中，有了豆腐的加入，这道肉饼不仅更加绵软、好咀嚼，豆腐中丰富的植物蛋白和满满的钙质，也会为这道辅食的营养加分不少。

🍲 步骤

1 牛肉切小块。

2 剁成肉泥。

3 将削皮了的胡萝卜用擦丝器擦成细蓉。

4 洋葱切丁。

5 北豆腐用勺子捣碎。

6 倒入胡萝卜蓉和洋葱丁，拌匀。

7 加入牛肉泥、蛋黄和玉米淀粉。

8 搅拌，让食材充分混合。

9 双手蘸适量清水防粘。

10 取一小份食材，搓圆后稍稍压扁，做成圆饼状。

11 平底锅热锅，刷一层薄薄的植物油。

12 放入肉饼，小火煎至底部微黄。

13 翻面继续煎，直至两面微黄。

14 关火加盖焖约3分钟，即可开餐。

小贴士

1 牛肉可以选择较嫩的里脊肉。也可以将牛肉换成鸡肉、猪肉等食材。洋葱的辛辣味有助于给肉类去腥。

2 北豆腐水分含量更少，用来做这道菜会更容易成功。

3 如果宝宝对蛋清不过敏，可以加整蛋。稍微大一点的宝宝可以调入少许盐进行调味。

4 注意面糊不要摊太厚，以免难煎熟。

5 如果饼做得比较厚，担心不熟，可以加少许水在锅底，继续小火焖煎3~5分钟。

6 刚煎好的肉饼肉香浓郁，口感带有豆腐的绵软质地，非常好吃。一次吃不完的可以冰箱冷冻保存，但要在两周内吃完。

11~12
个月以上

奶香小茄饼

🍲 食材

米饭 50g ┃ 番茄 1个 ┃ 茄子 20g ┃ 鸡蛋 1个 ┃ 奶酪碎 10g ┃ 植物油 适

扫码观看视频

作为辅食，快手饼的优点是制作简单而快捷，只需要把食材搭配好，就可以做出既美味又营养丰富的小饼。奶香味十足的奶酪在制作快手饼的时候，能给食物增加浓浓的奶香味，普普通通的小饼一加入奶酪，补钙的同时还能让食物变得更加鲜香诱人。

步骤

1 在番茄上划"十"字，用开水浸泡约5分钟，把外皮烫软，去皮。

2 把番茄切成小丁。

3 将茄子切成小丁。

4 打入一个鸡蛋，倒入米饭、番茄丁、茄子丁，搅拌均匀。

5 平底锅热锅少油，舀入适量饼糊。

6 小火煎至底部凝固后，翻面继续煎约2分钟。

7 均匀撒上奶酪碎。

8 盖上锅盖，小火继续焖约2分钟，即可出锅。

小贴士

如果宝宝对蛋清过敏，可以用两个蛋黄来代替。

一口西多士

1岁
及以上

🍲 食材

花生酱 50g ▎牛奶 10g ▎淡味黄油 5g ▎
吐司 2片 ▎鸡蛋 2个 ▎奶酪片 1片

这道改良版的西多士，免去油炸，改用小
火慢煎，花生酱和奶酪的加入既丰富了口感，也
加强了营养，浓郁的酱香和奶香会让大人和孩子
都吃得津津有味。

扫码观看视频

🍴 步骤

1 吐司去边。

2 在其中一面均匀抹上花生酱。

3 铺上奶酪片。

4 盖上另一片吐司，切成四等份。

5 将鸡蛋打入搅拌碗里，打散后倒入牛奶，搅匀。

6 把吐司块的各面均匀裹上蛋液。

7 小火热锅，放入一小块黄油化开。

8 把吐司块放入锅中，小火煎至底部微微焦脆。

9 翻面，继续用小火煎。

10 煎至各面微微焦脆后，就可以出锅啦！

小贴士

1 切下来的吐司边可以烘烤后碾碎做面包屑装罐保存起来，也可以做成蒜香吐司条作为小零食。

2 花生酱也可以用沙拉酱、芝麻酱、甜品等代替。

3 牛奶可增加奶香味，也可以不加。

4 用玉米油等植物油也可以，但成品会少了点奶香味和滑润的口感。

奶酪肉松蛋饼

🍴 食材

鸡蛋 2个 ┃ 小葱 1根 ┃ 中筋面粉 50g ┃ 肉松 适量 ┃ 奶酪碎 适量

这道奶酪肉松蛋饼，葱香四溢的鸡蛋饼配上肉松和奶酪碎，丰富的口感层次和浓郁香气，让早餐变得不再单调乏味。营养丰富，15分钟就能搞定！

扫码观看视频

🍱 步骤

1 把鸡蛋充分打散。

2 小葱切成末。

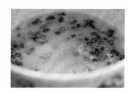

3 拌入蛋液中。

4 筛入中筋面粉。

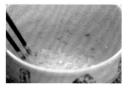

5 快速搅拌至无干面粉的顺滑状态。

6 平底锅刷上薄薄一层油。

7 舀入面糊，抹平表面后开中小火。

8 中小火煎至底部彻底凝固后翻面。

9 撒上适量奶酪碎和肉松。

10 继续煎至两面凝固，变得微黄、焦脆。

11 借助铲子和筷子轻轻卷起。

12 切成小块，即可食用。

小贴士 🍴

1 可将葱花换成胡萝卜丁、青菜丁等，增加口感和营养。

2 不同面粉的吸水性不同，如果感觉面糊太干的话，可以稍稍加一点清水拌和一下。

3 如果先开火再摆弄面糊的话，面糊很容易受热凝固，就不容易抹开了，会导致成品比较厚。

4 奶酪碎和肉松都是锦上添花的食材，可选用。

紫米奶酪吐司

1岁
及以上

🍽 食材

紫米 100g ▎大米 50g ▎牛奶 50g ▎吐司 6片
奶酪酱：
奶油奶酪 100g ▎牛奶 20g ▎奶粉 20g ▎细砂糖 15g

　　当丝滑香甜的奶酪酱遇上软软糯糯的紫米，那
份香软甜糯的美妙口感，绝对让人精神为之一振。只
要备好食材，在家就能轻松做起。

扫码观看视频

🍴 步骤

1 将紫米用清水提前浸泡4个小时以上。

2 和大米一起加入电饭煲，加适量水，按下煮饭键。

3 煮好后盛出，倒入牛奶。

4 拌匀后，静置10分钟左右。

5 趁这个时间来准备奶酪酱。把奶油奶酪和牛奶混合，加入细砂糖和奶粉。

6 隔热水搅拌至顺滑的状态。

7 在吐司片上先抹一层紫米。

8 盖上另一片吐司。

9 再抹一层奶酪酱，盖上一片吐司。

10 沿对角线切成两半，即可食用。

小贴士

1 除了紫米，也可以用黑米、红米等糯性的粗粮。

2 紫米属于粗粮，大米的加入可以改善口感，吃起来更加软糯。

3 如果第二天一早吃，可以盖上保鲜膜，放入冰箱冷藏，第二天一早用蒸锅重新蒸热即可。

4 奶粉和细砂糖可以根据宝宝口味和年龄选用。可以将奶油奶酪和牛奶替换成等量的马苏里拉奶酪或者马斯卡彭奶酪（提前用隔水加热法化开）。

奶香米饼

1岁
及以上

🍲食材

牛奶 220g ▎大米 200g ▎细砂糖 15g ▎
酵母 2g ▎植物油 适量

米粑粑是湖北地区非常有特色的小吃。外皮焦香酥脆，白而软润、带有发酵的甜味，吃起来糯糯甜甜的，非常可口。这道奶香米饼是米粑粑的改良版，加入适量牛奶来中和味道。相信这道成功率颇高的快手小饼，能够给小朋友的早餐提供新选择。

扫码观看视频

🍴 步骤

1 大米洗净、晾干。

2 装入料理机（或破壁机）的料理杯中，打成细腻的米粉。

3 在打好的米粉中加入酵母和细砂糖。

4 缓缓倒入牛奶，边倒入边搅拌。

5 拌匀后盖上保鲜膜，室温下发酵1个小时左右。

6 发酵至表面出现气孔。

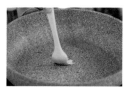

7 不粘锅用小火加热，刷一层薄油。

8 舀入适量米糊。

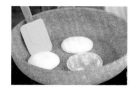

9 煎至一面微黄后，翻面再煎。

10 煎至两面微黄，即可出锅。

小贴士

1 如果家里没有料理机的话，可以买水磨黏米粉代替。但切记不要用婴儿米粉，成分是不一样的。

2 糖的分量根据宝宝年龄和口味来调整。做给1岁以下的宝宝吃时不加糖。

3 1岁以下的宝宝，要把牛奶替换成配方奶或者清水。

4 如果想提前一晚准备的话，可以把米糊放入冰箱冷藏发酵，第二天一早用。

5 摊米糊时不宜摊得太大、太厚。

6 一次吃不完的，可以密封后放入冰箱冷冻，但要在两周内吃完。

酸奶夹心吐司

1岁及以上

食材

吐司 2片 ┃ 鸡蛋 1个 ┃ 无盐黄油 5g ┃ 酸奶（浓稠）适量

扫码观看视频

白吐司、鸡蛋、奶制品，都是制作"匆忙早餐"最常见的身影。吃得多了，单一的味觉未免有些乏味，制作这道酸奶夹心吐司时，用到的依然是这些食材，但稍加咀嚼，蛋香、奶香夹杂着小麦的淡淡香气，便会充分占据口腔中的每一个角落，让人在惊喜之余，感受到清晨的这份美好。

步骤

1 白吐司切去四边。

2 沿对角线一分为二。

3 抹上浓稠的酸奶。

4 盖上另外半边吐司，稍稍按压紧实。

5 将鸡蛋打入碗中，搅匀。

6 将吐司两面蘸上蛋液。

7 不粘锅用小火加热，化开一小块黄油后，放入吐司。

8 煎至一面微黄后，翻面。

9 继续煎至两面微黄，即可出锅。

小贴士

1 酸奶也可以用花生酱、沙拉酱、甜品等代替。
2 用黄油来煎吐司会带有浓浓的奶香味，没有的话就用普通植物油代替。

豆腐虾仁水蒸蛋

🍲 食材

鲜虾 8个 ┃ 鸡蛋 2个 ┃ 嫩豆腐 1块 ┃ 小葱 1根 ┃ 生姜丝 1g ┃
盐 1g ┃ 温水 120g
酱汁：
生抽 2g ┃ 熟油 2g ┃ 温水 20g

水蒸蛋虽然是一道普通得不能再普通的家常蒸菜，但是口感嫩滑，配上白米饭一家人也能吃得津津有味。这道搭配了虾仁和豆腐的美味蒸蛋，不仅让这道菜的味道更加鲜美，而且营养更加丰富，只需要简简单单的几步，很快就能上桌享用。

扫码观看视频

步骤

1 鲜虾去头、尾、外壳，挑出腹背两条虾线。

2 加生姜丝，腌制15分钟去腥。

3 鸡蛋打散。

4 加入盐和温水。

5 过滤蛋液，将杂质和小气泡去除，这样做出来的蛋羹会更平整。

6 嫩豆腐切块。

7 取平盘，摆入豆腐块，淋入蛋液。

8 冷水上锅，水开后转中小火蒸8~10分钟。

9 揭盖，把虾仁铺上。

10 盖上盖子，继续蒸约5分钟。

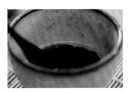

11 蒸的时候准备酱汁。把生抽、熟油和温水搅拌均匀。

12 揭盖，淋入酱汁，撒上葱花，即可。

小贴士

1 如果宝宝的咀嚼吞咽能力还不够好，可将虾仁切碎。

2 水的用量是蛋液的1~1.5倍，做出来的口感最好。

3 冷水做的蛋羹不够嫩滑，太烫的水又会把蛋液烫成蛋花，用温水做最合适。

4 蒸的时候注意锅边留缝，或者倒扣一盘子，也可以避免水蒸气回流落入蛋羹中。

5 熟油指加热过可以食用的油，也可以用初榨橄榄油、亚麻子油等直接代替。

1岁半 以上

奶酪肉松鸡蛋卷

🍴食材

胡萝卜 20g ┃ 吐司 4片 ┃ 鸡蛋 2个 ┃ 小葱 1根 ┃
沙拉酱 适量 ┃ 肉松 适量 ┃ 奶酪碎 适量

这道 非常简单方便的快手早餐，
15分钟就能把普普通通的白吐司变得色
香味俱全，馥郁的肉松和奶酪香气也让这
道美食格外诱人！

🍲 步骤

扫码观看视频

1 把胡萝卜洗净、去皮。

2 切小丁。

3 小葱洗净、切末。

4 把鸡蛋打散。

5 倒入胡萝卜丁和葱花，搅拌均匀。

6 把吐司较硬的四边切掉。

7 在吐司片上抹一层沙拉酱，铺上适量肉松和奶酪碎。

8 边卷边压紧实。

9 放入蛋液中裹一圈。

10 不粘锅开小火，刷上薄薄一层油。

11 放入吐司卷。

12 小火煎至底部金黄后，翻面继续煎。

13 煎至各面金黄后出锅。

14 在两端抹点沙拉酱。

15 点缀少许肉松，即可食用。

杏仁豆腐

🍳 食材

牛奶 300g ▌ 淡奶油 150g ▌ 杏仁粉 75g ▌ 吉利丁片 10g ▌
细砂糖 10g ▌ 枫糖浆 适量

杏仁豆腐其实并不是豆腐。浓郁的杏仁味和滑嫩的豆腐口感，让这道传统美食格外诱人。传统的做法是甜杏仁磨浆后加水煮沸，待冷冻凝结之后切块而成。因为做法较为复杂，所以我做了改良，用明胶来充当凝固剂，简单易做，浇上枫糖浆或者糖桂花等，风味更佳。

扫码观看视频

🍲 步骤

1 将明胶片放入凉水中浸泡变软。

2 把牛奶和杏仁粉混合拌匀。

3 加入细砂糖和淡奶油，再次拌匀。

4 倒入小奶锅中，小火煮至细砂糖融化。

5 关火，稍稍放凉后，把泡软的明胶片稍稍挤干，加入拌匀。

6 倒入方形模具中。

7 盖上保鲜膜，放入冰箱冷藏2小时左右。

8 倒扣脱模后，切成小块，即可。

9 吃的时候可以淋上枫糖浆、蜂蜜、甜品等，风味更佳！

小贴士

① 如果用吉利丁粉代替的话，只需要8g左右即可。

② 熬煮时记得不时搅拌，避免沉淀。

③ 注意不能等完全放凉再加入，否则会影响吉利丁片的凝固效果。另外，过高的温度也同样会有影响，最佳加热温度是50~60℃。

④ 如果一时吃不了那么多，可继续放入冰箱冷藏，两天内吃完。

香脆奶酪馒头

🍲 食材

馒头 2个 ▎虾仁 50g ▎甜红椒 20g ▎蛋黄 1个 ▎
小葱 1根 ▎奶酪碎 适量 ▎黑芝麻 适量

北方的老面馒头个大、瓷实，小朋友吃起来会有些困难，营养也较为单一。这道"升级版"的香脆奶酪馒头，加入简单的几种食材，就可以让口感、层次变得丰富起来，不仅营养可口，造型也特别招人喜欢。

扫码观看视频

🍲 步骤

1 馒头表面切出间隔约1cm的小方格。

2 烧一锅开水，把虾仁放入开水中煮5分钟左右。

3 把煮好的虾仁细细剁碎。

4 把洗净的甜红椒切末。

5 将小葱切末。

6 在馒头的夹缝中塞入适量奶酪碎。

7 把虾仁碎和甜椒末塞满每一个缝隙。

8 在馒头表面刷一层蛋黄液，撒上黑芝麻和葱花。

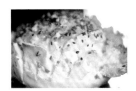

9 放入提前预热到200℃的烤箱中层，上、下火烤约10分钟。

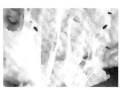

10 撕成适合宝宝吃的小块，或者切成小片食用。

小贴士 🍴

1 切馒头时，注意不要切得太深，接近底部位置即可。

2 甜红椒也可以用番茄、黄瓜等食材代替。

3 注意观察烤箱内的情况，烤至表面微黄即可出炉。

枸杞炖奶

1岁半
及以上

🍲 食材

鸡蛋 2个 ┃ 牛奶 200g ┃ 枸杞子 5g
装饰：
枸杞子 适量 ┃ 枫糖浆 适量

🍴 步骤

1 将鸡蛋打散。

2 倒入牛奶。

3 用滤网过滤一遍，口感
会更加细腻。

4 将泡软的枸杞子切碎。

5 把枸杞子碎拌入鸡蛋
液中。

6 冷水上锅，水开后转中
小火，继续蒸15~20分钟。

7 关火后闷3分钟，待水
蒸气回落后揭盖。

8 出锅后点缀上枸杞子，
来点枫糖浆或者蜂蜜，就
可以和孩子一起美美地品
尝了。

小贴士

枸杞子也可以用葡萄干、蔓越莓干、蓝莓干等果干代替。

枸杞炖奶香滑细腻、入口即化，简单而常见。丝滑的牛奶散发着浓郁的奶香，融入蛋羹中顿时给人细腻爽滑的口感。点缀其中的枸杞子和蜜汁更是点睛之笔，微甜而不腻，早餐或者饭后来上一碗，绝对受欢迎！

草莓牛奶小方

🍮 食材

牛奶 380g ▎玉米淀粉 40g ▎细砂糖 12g
草莓 适量 ▎椰蓉 适量

　　牛奶小方是一款非常经典的小甜点。利用淀粉糊化凝固的特性，只需将牛奶、玉米淀粉、细砂糖等按比例调和，就能做出口感绵滑类似布丁的美味甜品了。工具和步骤都很简单，新手也能第一次做就成功。

🍳 步骤

1 草莓洗净，去蒂后对切成两半。

2 把模具提前准备好，铺上保鲜膜。

3 小锅中加入牛奶、细砂糖和玉米淀粉。

4 开小火，不断搅拌，防止煳锅。

5 熬煮成细腻的奶糊后关火。

6 先舀一半奶糊至模具里，用勺背稍微抹平表面。

7 铺上草莓。

8 铺上剩余的奶糊，用勺背蘸点温水，轻轻抹平表面。

扫码观看视频

9 放入冰箱里冷藏1小时，至奶糊凝固。

10 在案板上撒上椰蓉。

11 把凝固好的奶糕倒扣脱模，再撒上一层椰蓉。

12 切去四边不平整的部分。

13 再切成适合宝宝入口的大小，即可享用。

 小贴士

1 牛奶可以用配方奶代替。糖的分量根据个人口味和宝宝年龄调整即可。

2 可以借助打蛋器搅拌，可以让食材混合得更均匀。

3 熬煮时间和锅、火候都有关系，观察熬煮的状态自行把握即可。

4 除了草莓，也可以用自己喜欢的水果代替。

碘是人体必需的微量元素，也有人称之为智力元素。0~3 岁是脑细胞发育的关键时期，此时碘元素是否正常摄入，直接影响宝宝一生的智力水平。

3

补碘这么吃，
满足宝宝成长所需

11~12
个月以上

银鱼豆腐羹

🍲 **食材**

南豆腐 40g ▎胡萝卜 30g ▎银鱼干 10g ▎小葱 1根 ▎
玉米淀粉 2g ▎植物油 适量 ▎温水 300g ▎清水 40g

豆腐不仅能补钙，而且味道鲜美，无论是入菜、入汤，都
可以让菜肴的口感变得鲜嫩、顺滑。这道豆腐羹，搭配了家中常
有的食材，简简单单几步，就能完成营养全面的一道美食。

合 步骤

扫码观看视频

1 银鱼干用清水泡软。银鱼也可以用虾皮、干贝等代替。

2 胡萝卜擦蓉。

3 小葱切末，葱白备用。

4 南豆腐切小块。

5 紫菜撕小片。

6 泡软的银鱼切碎。

7 热锅少油，加入葱白炒香。

8 倒入银鱼和胡萝卜，翻炒均匀。

9 加入温水，倒入豆腐丁，煮约5分钟。

10 将玉米淀粉和清水混合成水淀粉。水淀粉的加入，可以让汤汁变得黏稠，口感更好。

11 加入紫菜和水淀粉。

12 继续煮约1分钟，即可出锅。

小贴士

1 没有南豆腐，也可以用北豆腐、内酯豆腐代替。

2 大一些的宝宝，在出锅前可以调入少许盐进行调味。

11~12
个月以上

自制宝宝海苔

🍲 食材

免洗紫菜 2片｜白芝麻 10g｜植物油 适量

扫码观看视频

对于 小朋友来说，紫菜是那张薄如纸、脆咸可口的小零食。紫菜热量低，蕴含丰富的矿物质，这个特点也成为大人放心给孩子们吃的原因。

未经处理的紫菜有腥味，经过简单的处理后却变得鲜美异常。市售海苔多少添加了糖和盐，其实自己在家就能轻松做出来。

🍚 步骤

1 免洗紫菜用手撕成小片。

2 白芝麻倒入锅中，小火不断翻炒至芝麻微黄，熟透，盛起备用。

3 平底锅刷上薄薄一层油，将撕成块的紫菜片均匀放入。

4 小火炒至紫菜变成墨绿色，加入白芝麻炒匀。

5 酥脆可口的芝麻海苔就做好了。继续拿一部分来做海苔碎。取一部分放入研磨杯。

6 稍微搅打几下即可。

小贴士

1 做好的海苔碎可以拌饭、拌粥、面条。

2 做好的海苔容易吸湿回潮，导致变软、变质，因此保存时要注意避免受潮。常温避光保存，尽量在一周内吃完。

紫菜厚蛋烧

🥚 食材

鸡蛋 3个 ▏玉米淀粉 15g ▏紫菜 3g ▏奶酪碎 适量
植物油 适量 ▏清水 20g

这道简单快手的美味早餐，在普普通通的煎蛋中加入紫菜、奶酪，用平底锅做一份日式的厚蛋烧。饱满的蛋卷入口香醇，浓浓的蛋奶香气在紫菜的提鲜下显得更加可口诱人，不加调味也超好吃！

扫码观看视频

🍴 步骤

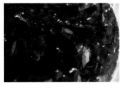

1 把紫菜放入清水中泡开。

2 在搅拌碗里倒入玉米淀粉和清水，拌匀备用。

3 将鸡蛋打入碗中搅拌均匀。

4 倒入淀粉水，加入泡好的紫菜，用筷子再次拌匀。

5 平底锅用小火加热，在锅底均匀地刷上薄油。

6 倒入一半混合液，铺平底部。

7 待底部凝固后，撒上少许奶酪碎。

8 用小铲轻轻卷起推至一边，重新在底部刷上薄油。

9 倒入剩余的混合液，继续煎至底部凝固。

10 再次撒上奶酪碎，煎至奶酪融化。

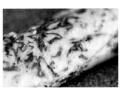

11 从较厚的一端反方向将蛋饼卷起，小火继续煎至蛋液完全凝固，彻底熟透。

12 切成小块，即可食用。

小贴士

1 紫菜富含鲜味因子，可以代替盐给食材提鲜增香。如果想要营养更加全面，可以再加一点胡萝卜丝、土豆丝等食材。

2 大一些的宝宝吃还可以适当调入盐和糖进行调味。

冬瓜鸡丝羹

食材

冬瓜 200g‖鸡胸肉 100g‖鸡蛋 1个‖生姜 1片‖
小葱 1根‖紫菜 2g‖盐 2g‖植物油 适量‖温水 1L

冬瓜作为价廉物美的夏日食材，颇高的水分含量和清淡宜人的口感，无论是入菜入汤，都能消暑解渴，这道冬瓜鸡丝紫菜羹，遇上天热食欲不佳的时候，最适合给家人和自己来上一碗。

步骤

1 把鸡胸肉和生姜倒入汤锅中，水开后继续煮约10分钟，至鸡胸肉完全变色。

2 稍稍放凉后，撕成小条。

3 冬瓜去皮，切成小块。

4 小葱切末，葱白备用。

5 将鸡蛋打散。

6 热锅少油，放入葱白炒香。

7 倒入冬瓜，翻炒约2分钟。

8 加入1L左右的温水，没过食材。

9 盖上盖子，中火煮至冬瓜软烂。

10 揭盖，加入鸡丝和紫菜。

11 沿锅边缓缓倒入蛋液，边倒入边搅成蛋花。

12 出锅前撒上葱花，调入盐，即可享用。

海苔土豆沙拉

1岁及以上

🍽 **食材**

土豆 250g　纯牛奶 30g　紫菜 1.5g
熟鸡蛋 1个　盐 1g　沙拉酱 适量

　　柔软细腻的土豆泥遇上香甜顺滑的沙拉酱，带来的味觉享受绝对不亚于品尝甜品时的喜悦心情。如果拌入香甜的牛奶，再点缀上香酥的海苔碎，一道好看、好吃、简单易做的美食，一定会让宝宝特别满意。

1 土豆洗净、削皮，切成小块。

2 冷水上锅，水开后大火蒸20分钟蒸熟。

3 蒸土豆的同时准备紫菜。先把紫菜稍稍掰碎。

4 平底锅用中火加热，炒至紫菜变成翠绿色。

5 再倒入料理机，稍微打碎。

6 盛出备用。

7 把熟鸡蛋的蛋黄取出。

8 蛋白切碎。

9 土豆蒸好后，加入牛奶和蛋黄。

10 趁热搅拌至顺滑。

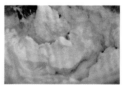

11 加入蛋白碎、盐和适量沙拉酱，充分拌匀。

12 倒入模具中，表面抹平。

13 脱模。

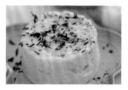

14 挤入沙拉酱，撒上紫菜碎装饰，即可。

扫码观看视频

小贴士

1 如果家里没有料理机，可以用杵臼碾磨。

2 牛奶可以用配方奶或者清水代替。

3 配料里加入蛋白碎，可以让口感层次更加丰富，营养也会更加丰富。也可以根据宝宝的口味，加入焯熟的西蓝花、胡萝卜丁等蔬菜。

1岁半 及以上

什锦炒饭

🍽 食材

熟米饭 1碗 ▎胡萝卜 40g ▎虾皮 5g ▎干贝 5g ▎紫菜 4g
鸡蛋 2个 ▎老抽 1g ▎盐 1g ▎植物油 适量

盛产海鲜的沿海地区，对美食的诠释更多地赋予了海洋的味道。之前去厦门出差时，在一家餐馆里尝过一道非常有特色的炒饭，用香酥的紫菜搭配虾皮、干贝等海产，炒出来的米饭带着浓郁的香味，现在依然记着那个味道。

扫码观看视频

1 虾皮和干贝提前用清水泡发。

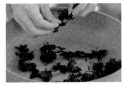

2 小火热锅，把干净的紫菜撕成小片加入。

3 炒至变绿、变脆后，盛起备用。

4 将鸡蛋打散。

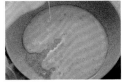

5 热锅少油，倒入蛋液。

6 待蛋液稍稍凝固后，用铲子炒散，盛起备用。

7 泡软的干贝撕成小丝。

8 胡萝卜削皮，切成小丁。

9 重新热锅少油，加入胡萝卜丁小火翻炒。

10 炒至胡萝卜变软后，加入虾皮和干贝翻炒。

11 再加入紫菜和熟米饭，转中火翻炒均匀。

12 炒约5分钟后，调入老抽。

13 炒匀后再倒入蛋碎。

14 调入盐，炒匀后关火盛出，即可以享用。

海苔鲜蔬卷

扫码观看视频

食材

吐司 4片 | 海苔 2片 | 虾仁 10个 | 牛油果 半个 |
玉米粒 适量 | 肉松 40g | 芝士 1片 | 沙拉酱 适量

　　甜滑的沙拉酱不仅是做各式蔬果沙拉必不可少的配料，同时也是许多日式料理的点睛之笔。看似普通的寿司卷，拌入沙拉酱之后口感立马提升了好几个档次，再搭配上肉松、牛油果、虾仁等不同的食材，绝对会让小朋友们欢快地吃上一个夏天。

1 向处理干净的虾仁上挤入几滴柠檬汁，抓匀腌制10分钟去腥。

2 将剥好的玉米粒在开水中煮约6分钟。

3 捞起沥干。

4 倒入虾仁，煮约5分钟。

5 把虾仁剁碎。

6 海苔片剪成合适的大小。

7 把吐司的四边去掉。

8 用擀面杖稍稍擀压平整。

9 牛油果对半切开，取出果核，挖出一半果肉置于案板上。

10 切成薄片。

11 把虾仁、玉米和肉松混合均匀。

12 拌入沙拉酱。

13 把拌好的馅料均匀涂抹在吐司片上。

14 铺上牛油果。

15 把吐司片卷起来，边卷边按压紧实。

16 再卷一层紫菜。

17 切块，美味的海苔鲜蔬卷就做好了。

小贴士

1 如果想做成主食的话，可以加入熟米饭并减少虾仁、肉松的使用量。

2 牛油果也可以用小番茄、黄瓜片等食材来代替。

什蔬玉米饼

2岁
及以上

番茄 半个　鸡蛋 3个　玉米粒 60g　低筋面粉 40g
紫菜 1g　盐 1g　小葱 1根　植物油 适量

这道适合当早餐的煎饼，一口就
能吃到多种食材，营养丰富，做法也相
当简单方便。再加上紫菜的提鲜，吃起
来焦香可口，还有满满的颗粒感，咀嚼
起来特别过瘾。

步骤

1 将玉米粒倒入开水中，
焯约2分钟。

2 捞出。

3 将紫菜尽量撕碎。

4 将小葱切成末。

5 将番茄切成丁。

6 在搅拌碗里打入3个鸡
蛋，充分拌匀。

7 加入玉米粒、紫菜碎和
番茄丁。

8 再加入葱花和盐，搅拌
均匀。

9 筛入40g低筋面粉。

10 把食材充分拌匀。

11 热锅少油，舀入适量面糊，摊成圆饼状。

扫码观看视频

12 中小火煎至底部微微焦黄后翻面。

13 继续煎至两面微黄，即可出锅。

珍味米饭饼

2岁 及以上

食材

番茄 半个 | 鸡蛋 3个 | 玉米粒 60g |
低筋面粉 40g | 紫菜 1g | 植物油 适量

步骤

1 将玉米粒倒入开水中，焯约2分钟。将紫菜撕碎。

2 放入料理机中搅碎。

3 将紫菜碎撒在米饭上。

4 筛入低筋面粉。打入鸡蛋，充分拌匀。

5 把食材充分搅拌、揉匀。

6 揉成小面团、按扁，放在案板上。

7 摊成圆饼状。

8 用模具切除成若干个小饼。

9 平底锅刷少许油。

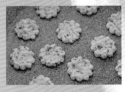

10 中小火煎至底部微微焦黄后翻面。

11 继续煎至两面微黄，即可出锅。

扫码观看视频

和许多海产品不同的是，紫菜的鲜味并非来自其中的盐分，而是藻类植物中的鲜味氨基酸。这种能让舌尖产生美妙体验的味觉，堪比在食材中添加味精，但又比味精健康得多。这道米饭饼，就是利用了紫菜天然提鲜的特点，搭配米饭和面粉，做一道大小朋友都会很喜欢的简易版"海苔米饼"。

稻香米饼

2岁及以上

🍽 食材

熟米饭 1碗 | 枫糖浆 5g | 生抽 2g | 紫菜 适量

大米并不是只能用来做主食,做成小零食也会很受大、小朋友欢迎。这道以大米为主要食材的健康零食,没有任何添加剂,咸香脆口,在提供味觉享受的同时,充足的热量也会让宝宝在两餐之间有一个很好的能量补充。

1 在案板上放一张保鲜膜，把一碗米饭（或剩饭）铺在保鲜膜上。

2 再盖上一张保鲜膜。

3 借助擀面杖擀压平整。尽量擀薄一些，米饭越薄，烤出来的成品才会越脆。

4 将保鲜膜揭开，借助杯子、碗等器皿的圆形杯（碗）口压出米饼造型。

5 把米饼隔开间距，码在铺好油纸的烤盘上。

6 放入提前预热到170℃的烤箱中上层，上下火烘烤约6分钟。

7 把枫糖浆和生抽混合，拌匀。

8 取出烤好的米饼，在表面均匀抹上调好的酱料。

9 撒适量紫菜增加风味。

10 再次放入烤箱，同样温度再烤约6分钟。

小贴士

1 没有枫糖浆也可以用蜂蜜代替。酱料的调制可以根据个人的口味来调整。

2 像芝麻、坚果碎、果干等都可以尝试加入，不同的风味组合，会给米饼带来不一样的味觉体验。

3 注意观察米饼上色情况，酱料凝固，米饼呈现漂亮的色泽后，即可出炉。

扫码观看视频

宝宝添加辅食后，若膳食纤维摄入不足，会引起便秘。因此，宝宝的饮食一定要均衡，五谷杂粮及各种膳食纤维含量丰富的蔬菜、水果都要均衡摄入，这样才能促进肠胃蠕动。

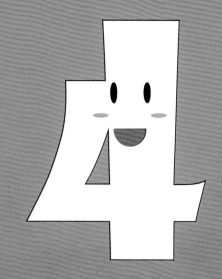

4

补膳食纤维这么吃，
宝宝排便更轻松

山药梨泥

🥣 食材

山药 50g ┃ 雪梨 1个

山药糊和梨糊都是温和的食材，富含淀粉的山药搭配梨肉，既能够给清淡的山药增加甜度，也能为宝宝补充更多水果中的营养。这道山药梨泥，口感顺滑，在干燥的秋冬季给宝宝做上一碗，特别清润解燥。

🍴 步骤

1 雪梨洗净、削皮、去核，切成小块。

2 和掰成小段的山药一起放入蒸锅，水开后蒸15分钟。

3 蒸好后稍稍放凉。

扫码观看视频

4 把山药皮轻轻剥去。

5 连同雪梨一起倒入料理机中。

6 打成细腻的泥糊。

🍴 小贴士

1 梨肉蒸熟以后，可以防止氧化变色，对于刚开始添加水果的小宝宝来说，肠胃也更容易接受。

2 一次吃不完的可以倒入冰格后放入冰箱冷冻，但要在两周内吃完。每次吃之前解冻（请用冰箱冷藏室或微波炉解冻）重新蒸热或用微波炉加热即可。

玉米银耳糊

6~8
个月以上

🍲 食材

银耳 3g ┃ 玉米粒 40g ┃ 清水 400g

扫码观看视频

银耳中的胶质其实是银耳多糖，属于可溶性膳食纤维，对于促进肠道蠕动、预防便秘有一定的作用。银耳养颜的功效其实并非"胶原蛋白"在起作用，而是银耳中丰富的膳食纤维在维护肠道健康，进而改善了身体机能。

🍚 步骤

1 银耳洗净后加入清水浸泡约15分钟，让银耳吸水膨胀。

2 取出后，将银耳撕成小块一些，方便搅打细腻。

3 将银耳连同水一起倒入锅中。

4 大火烧开后转小火，煮约20分钟。

5 煮至黏稠时，加入玉米粒。

6 煮至银耳出胶明显，汤汁浓稠。

7 盛出稍微放凉。

8 倒入料理机中，搅打成细腻的糊状。

9 倒出，胶质满满的玉米银耳糊就完成了。

小贴士

1 加水量根据银耳实际的泡发程度来调整，因为是做成糊羹，加水量要比正常煮银耳汤所需的水量少一点。

2 玉米粒容易煮熟，所以不需要太早加入，以免煮得过烂，影响口感和甜味。

3 想让玉米口感更加细腻的话，成品可以用筛网过滤一遍。

茄子鱼蓉面汤

🍽 食材

茄子 50g ░ 中筋面粉 30g ░ 三文鱼 30g ░ 柠檬 1片 ░
温水 适量 ░ 植物油 适量

对于吃辅食的小宝宝而言，除了米糊之外，还有一种不需要
多加咀嚼便能很好消化的食物，那就是小面汤。带着面粉清香的浓
稠汤汁中混入营养丰富的食材，不需要额外调味，食材的香味自然
就能勾起小宝宝的食欲。

扫码观看视频

🍱 步骤

1 三文鱼上挤几滴柠檬汁，腌制15分钟去腥。

2 将三文鱼冷水上锅，大火蒸12分钟。

3 茄子洗净、去皮，切成小丁。

4 放入清水中，浸泡10分钟左右。

5 将蒸好的三文鱼趁热捣成鱼蓉。

6 小火热锅，倒入鱼蓉翻炒至水分挥发、鱼蓉变得蓬松。

7 盛起备用。

8 热锅少油，倒入茄子丁，翻炒约2分钟。

9 加入面粉翻炒至微黄。

10 加一小碗温水，继续翻炒至面糊浓稠，并且看不到颗粒状的状态。

11 盛出，撒上鱼蓉（或鱼泥），即可。

小贴士

1 除了三文鱼，也可以用其他无刺的鱼肉代替。

2 茄子很吸油，放水里浸泡可以减少烹煮时的用油量，还可以防止茄子氧化变色。

3 如果宝宝刚添加辅食不久，可以把蒸好的三文鱼用料理机打成鱼泥加入。

银耳南瓜鹰嘴豆糊

6~8 个月以上

食材

鹰嘴豆 20g ┃ 南瓜 20g ┃ 银耳 1小朵 ┃ 清水 400g

扫码观看视频

鹰嘴豆是不饱和脂肪酸、钙和多种抗氧化剂的理想来源。同时，鹰嘴豆含有10多种氨基酸，富含人体必需的8种氨基酸，而且含量比燕麦还要高出2倍以上。

作为小宝宝的辅食添加，鹰嘴豆可以在打成细腻的泥糊后，搭配其他食材一起，做出口感丰富的辅食餐，既容易咀嚼消化，也能够将鹰嘴豆本身自带的板栗清香充分释放出来，没有其他豆类所含的豆腥味，一定很受小宝宝欢迎。

步骤

1 将鹰嘴豆和银耳提前用200g清水泡发2个小时。

2 将泡开的银耳撕成小朵备用。

3 鹰嘴豆剥去硬硬的外皮，倒入碗里备用。

4 南瓜切块后，与鹰嘴豆、银耳倒入搅拌机中，加入200g清水。

5 打成细腻的豆糊。

6 倒入奶锅中，小火慢慢熬煮10~12分钟，直到锅边上冒小泡泡，豆糊变得浓稠即可关火。

小贴士

① 鹰嘴豆泡的时间越长，煮起来才越容易熟。最好提前一天进行浸泡，天热的时候放入冰箱冷藏，避免变质。

② 熬煮期间记得要不停地搅拌，避免糊锅。

6~8
个月以上

苹果梨泥

🥄 食材

苹果 1/2个 ┃ 梨 1个 ┃ 温水 适量

扫码观看视频

　　宝宝天生就对甜甜的食物感兴趣。喵小弟（我儿子）刚添加辅食的时候，对于苹果、梨等清甜口感的水果特别感兴趣。最开始我将水果蒸软后打成泥给他吃。等他咀嚼能力加强后，改用研磨碗将水果压成蓉，后来直接切成小块给他吃。随着辅食性状的改变，喵小弟也在逐渐适应食物的不同形态，慢慢过渡到吃固体食物。

　　另外，宝宝感冒发烧时，需要及时补充水分、摄入维生素与矿物质，这道辅食正好适合宝宝。同时，便秘宝宝除了需要补充水分外，还需要摄入膳食纤维。苹果和梨中丰富的膳食纤维也可以有效地缓解便秘情况。

🍳 步骤

1 苹果洗净后去皮、去核，切小块。

2 按照同样的方法处理梨肉。

3 一起倒入蒸锅，水开后继续用大火蒸约6分钟。

4 倒入搅拌机，加入约50g温水，打成细腻的果泥。

小贴士

1 对于刚开始添加水果泥的宝宝来说，肠胃功能尚不完善，水果蒸一下再打泥，更容易被消化、吸收。蒸、煮所导致的一些维生素损失而言，利大于弊。当然，大一些的宝宝可以省略这一步骤。

2 刚做好的果泥要尽快给宝宝食用，否则果泥会氧化、变色。另外，如果一次吃不完，可以用冰格冷冻起来，每次取一部分，放入微波炉加热后给宝宝食用即可。

在添加固体食物之前，米糊是小宝宝们最主要的辅食，不过，市售的米粉缺少大米的清香，因此喵小弟刚开始添加辅食时，我总会时不时就做一份自制的米糊，并在其中加入口味清甜的蔬菜。

6~8
个月以上

西蓝花米饮

🍴 食材

大米 20g ┃ 西蓝花 10g
清水 500g

🍲 步骤

1 大米放入锅中，加入清水，大火煮开后转中火，继续熬煮20分钟。

2 西蓝花洗净、切小块。

3 将西蓝花放入沸水锅中煮约6分钟。

4 将煮好的粥和西蓝花稍稍放凉后，倒入搅拌机中。

5 用料理机搅打细腻。

6 倒入碗中，即可食用。

小贴士

1 转中火后，要不时地进行搅拌，避免煳锅。

2 将西蓝花放入开水中焯熟，可以去除农药残留。

3 除了大米，也可以将小米、黑米等用类似的方法做出营养价值颇高的自制米糊。需要注意的是，成品米粉通常富含强化铁，而自制米糊则不含此营养成分，所以偶尔尝试即可，不能完全替代成品米粉。

油菜米糊

☕ 食材

油菜 2个 ┃ 婴儿米粉 20g

6~8
个月以上

扫码观看视频

📖 步骤

1 油菜洗净、去梗。

2 放入沸水中焯3分钟。

3 倒入料理机中，加入适量温水，搅拌成细腻糊状。

4 米粉用适量温水冲泡开。

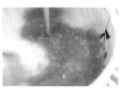

5 将油菜泥缓缓倒入米糊里，边倒边搅拌均匀。

小贴士

米粉和奶粉的冲调方式类似，注意从稀到稠，逐步锻炼宝宝的咀嚼和吞咽能力。

很多宝宝在添加辅食初期不爱吃青菜。家长可以给宝宝添加油菜、小白菜、菠菜等蔬菜泥。接受了青菜味道的宝宝，就会像喜欢吃肉类、水果一样喜欢吃蔬菜了。

这道油菜米糊，加入了米粉之后，口感更加顺滑，营养也更加丰富。虽然油菜已经被搅打得非常细腻，不过还是保留了不少膳食纤维，对于促进肠道发育、预防便秘有一定的作用。

南瓜豌豆泥

🍽 食材

南瓜 100g ▎新鲜豌豆 50g ▎配方奶 30g

豌豆 富含膳食纤维，具有清理肠胃的作用，被誉为"肠道清道夫"。用豌豆搭配带着甜香味道的南瓜，再加入少许配方奶，无论是营养，还是味道，都非常适合刚添加辅食的宝宝。

🍲 步骤

扫码观看视频

1 将新鲜的豌豆在沸水中煮6分钟，充分煮熟。

2 将煮好的豌豆稍微凉凉。

3 将南瓜去皮、切小块。

4 南瓜冷水上锅，水开后蒸15分钟。

5 蒸南瓜时，将豌豆剥皮备用。

6 将豌豆倒入搅拌机中，因为豌豆含水量少，直接搅拌会太黏稠，所以加入30g配方奶。

7 打成细腻的豌豆泥，装入碗里。

8 蒸好的南瓜也用搅拌机打成泥。

9 把南瓜泥和豌豆泥混合，就可以给宝宝吃啦！

小贴士 🥄

1 新鲜的豌豆一般几分钟就能熟透。煮熟的豌豆皮肉已经基本分离，方便去皮。

2 选择颜色深黄的南瓜，甜度会更高，切成大小均匀的块后会更容易蒸熟，也方便搅拌。因为南瓜含水量高，用料理机搅打时就不需要再加水了。

3 配方奶也可以用等量清水代替。

4 加入配方奶和南瓜泥后的豌豆泥口味会变得更香甜，宝宝也更容易接受。

5 豌豆和南瓜都含有丰富的碳水化合物以及膳食纤维，可以促进宝宝肠道蠕动。唯一要注意的是一次不宜食用过多，否则会导致宝宝腹胀、腹泻，该配方的食材量可以分几顿给宝宝吃。

苹果小米烙

9~10
个月以上

苹果 1个 ▎面粉 60g ▎小米粥 50g ▎奶酪 10g

扫码观看视频

粥一次煮多了怎么办？放到第二天已经不好喝了，但扔掉又可惜。
下面教大家一个让米粥焕发出全新的口感和味道的法子，用米粥搭配脆
甜的苹果和奶香十足的奶酪烙一个小饼，宣软的质地连九个月左右的宝
宝也能用牙龈配合舌头捣碎吞咽，无论是作为过渡期辅食，还是大宝宝
的快手早餐，都很合适。

大米粥、小米粥，或者杂粮粥，都可以通过这个方法来尝试，赶紧
试试吧！

🍳 步骤

1 奶酪切小丁。

2 苹果削皮后，用擦丝器擦成细蓉。

3 把苹果蓉和奶酪丁倒入搅拌碗中。

4 加入小米粥和面粉。

5 用筷子搅拌至顺滑，且能自如流动。

6 平底锅刷一层薄油，开小火，倒入面糊摊成圆饼状。

7 小火慢煎，煎至一面变成金黄色后，翻面再煎，直至两面金黄。

8 出锅后，切成适合宝宝抓握的大小即可。

小贴士

1 苹果容易在空气中被氧化变色，擦出的细蓉颜色会渐渐变深，所以操作上尽量衔接好，中途别耽搁。

2 如果宝宝咀嚼能力一般，可以用低筋面粉做这道苹果小米烙，口感更软。大一些的宝宝可以换成中筋面粉或者高筋面粉。

藜麦蛋黄糕

🍴食材

三色藜麦 60g ┃ 蛋黄 45g ┃ 配方奶 35mL

🍴步骤

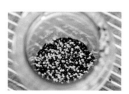

1 藜麦洗净、晾干后倒入料理机中。

2 开启研磨功能，磨成藜麦米粉。

3 加入配方奶。

4 用抹刀翻拌成浓稠的米糊状。

5 将蛋黄用隔水加热法打发。

6 打发至颜色变浅，表面纹路不易消失的状态。

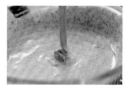

7 将米糊加入蛋糊中翻拌均匀。

8 在模具四壁刷上一层薄油，底部放一张大小适中的油纸，方便脱模。

藜麦的营养成分非常丰富，但因为口感较硬，并不适合较小的宝宝咀嚼、吞咽。今天要和大家分享的这道辅食，是将藜麦打成粉后加入蛋黄和配方奶，做一道大、小宝宝都适合食用的手指食物。松软微甜的口感配上清甜的奶香，肯定特别招小朋友的喜爱。

扫码观看视频

9 倒入面糊。

10 放入开水锅中，大火蒸15分钟。

11 关火后闷 2 分钟再揭盖，以免米糕遇冷后回缩。

12 出锅，倒扣在案板上，撕下油纸。

13 切成适口大小，即可。

小贴士

1 除了藜麦，还可以用大米、小米来制作这道蛋黄糕。配方奶也可以替换成清水，给大一点宝宝吃的话可直接替换成牛奶。

2 拌米糊时注意控制好水的比例，不能太稀或太稠。

3 用隔水加热法打发蛋黄液有助于降低蛋黄的黏稠度，促进蛋黄形成乳液状。

4 翻拌时要用从下往上的手法进行翻拌，切勿打圈，防止蛋黄消泡。

5 上锅蒸时，要等水开后再放入锅中蒸，快速升温有助于更好的成形。

西蓝花虾皮软饼

9~10
个月以上

🍽 食材

西蓝花 60g ▌低筋面粉 50g ▌虾皮 3g ▌蛋黄 2个 ▌
清水 50g ▌植物油 适量

🍳 步骤

1 虾皮提前用清水泡软。

2 汤锅烧开水，放入西蓝
花焯2分钟左右。

3 捞起稍稍放凉后倒入料
理杯中，加入50g清水。

4 用料理机把西蓝花搅碎。

5 盛出后加入泡好的虾
皮，加入2个蛋黄和低筋
面粉。

6 用打蛋器搅拌至无面粉
颗粒、顺滑的状态。

7 平底锅开小火，刷上薄
薄一层油。

8 舀入适量面糊，尽量
摊薄。

9 煎至底部凝固后，翻面。

10 继续煎至两面微黄，
即可出锅。

小贴士 🍴

① 对蛋清不过敏的宝宝也可以用全蛋代替2
个蛋黄。另外，低筋面粉的筋度较低，煎出
来的小饼口感会比用中筋面粉（普通面粉）
做出来的更柔软、适口，适合月龄较小、刚
刚习惯吃固体食物的宝宝。

② 一次吃不完的，可以密封后放入冰箱冷冻保
存，但要在两周内吃完，吃之前回锅煎热即可。

把蔬菜、面粉、蛋、水等食材按一定的比例混合，就能做好一份辅食小饼。对于还不到1岁，还没法添加调味品的小宝宝来说，还可以加点虾皮提鲜增香，既营养又健康。这道辅食非常适合刚刚适应了固体食物的小宝宝品尝，柔软适中的食物质地加上丰富的营养搭配，颜色也很讨宝宝喜欢。

扫码观看视频

梨蓉栗子饼

食材

板栗 2个 ┃ 香梨 1个 ┃ 蛋黄 1个 ┃ 面粉 10g ┃ 配方奶粉 10g ┃ 清水 10g

扫码观看视频

飘香的栗子，即使到了寒风最凛冽的冬天，也足够在勾起宝宝食欲的同时，给予身体足够的温暖。这道梨蓉栗子饼，没有复杂的食材配料，有的只是满满的爱意，配上清润甜口的香梨，吃起来别有一番风味。

软硬适中的口感让这道分外香甜的栗子饼可以照顾到更小月龄的宝宝，可抓握，易咀嚼，9月龄的宝宝也可以轻松食用。

🍚 步骤

1 将去皮的板栗放入小汤锅里，煮约10分钟。

2 趁热捣成泥。

3 香梨削皮，刨出细蓉。

4 加入配方奶粉和蛋黄。

5 加入面粉和清水，边倒入边用筷子拌匀。

6 搅拌成黏稠、顺滑的面糊。

7 在不粘锅内薄薄地刷一层植物油。

8 开中小火，倒入一勺面糊，摊成圆饼状。

9 煎约2分钟后翻面，煎至两面微黄。

10 移到干净案板上，切成适合宝宝入口的小块即可。

小贴士 🍴

1 如果宝宝对蛋清不过敏，也可以加全蛋。大一点的宝宝，可将配方奶粉替换成普通奶粉。

2 如果面糊流动性较差，就要适当增加一点液体。

毛豆米线

🍜 食材

毛豆 20g ┃ 中筋面粉 40g ┃ 配方奶 25g ┃ 婴儿米粉 10g

　　毛豆有着丰富的营养成分，特别是其中的蛋白质不但含量高，而且品质好，可以与肉、蛋中的蛋白质相媲美，易于被人体吸收利用，是果蔬中唯一含有完全蛋白质的食物，对于小朋友的生长发育非常有帮助。用鲜嫩的毛豆做一碗青翠欲滴的毛豆米线，微甜的豆香即使不加任何调料，也足以让宝宝开心地尝上一大碗。

步骤

1 先把毛豆洗净，煮约10分钟。

2 沥干水分、放凉后剥去毛豆外皮。

3 将毛豆与配方奶倒入料理机中。

4 搅打成细腻的泥糊。

5 将中筋面粉和婴儿米粉混合。

6 缓缓倒入步骤4搅好的泥糊，边倒入边搅拌。

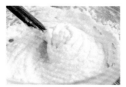

7 搅拌至顺滑、没有大颗粒的状态。

8 倒入裱花袋中，在底端剪个小口。

9 烧一锅水，水开后转小火。

10 顺同一方向打圈、迅速挤出米线。

11 小火煮约6分钟，煮至米线浮起。

12 浮起后继续煮约2分钟，一碗热腾腾的米线就做好了。

小贴士

1 纤维过多的豆皮会非常影响口感，剥过皮的成品较为细腻，口感更佳。

2 配方奶也可以换成牛奶或者清水。

3 加婴儿米粉的主要目的是为了消耗家里多余的米粉，当然也可以全部用面粉来代替。

4 注意面糊的流动性，不能太稀或太稠，否则会影响米线的制作，如果太稀，可在面糊里重新拌点米粉或面粉进行补救。

5 剪裱花袋时，将小口的直径控制在1厘米左右，不然挤出来的米线太粗会影响口感。

6 熬煮时要全程用小火。

小米燕麦红薯粥

9~10 个月以上

🍲 **食材**

小米 60g | 传统燕麦 10g | 红薯 半个

又甜、又糯、又香的红薯小米粥是冬日里对胃肠最温暖的慰藉。搭配麦香浓郁的传统燕麦，集营养和美味于一身。熬得软烂的食材既便于宝宝咀嚼，更能把食材当中的香味充分释放出来，滋味丰富。

🍳 **步骤**

1 将传统燕麦用清水浸泡 1 个小时以上。

2 汤锅里烧一锅水，水开始沸腾后倒入淘洗好的小米。

3 转中小火，盖上锅盖继续煮约 10 分钟。

4 把洗净、削皮的红薯切成小丁。

5 把红薯丁连同燕麦一起倒入汤锅中。

6 继续煮 15~20 分钟，即可。

小贴士

1 与即时、快熟燕麦相比，传统燕麦需要烹饪的时间要稍微长一些，但烹饪后所保留的营养更多。提前浸泡有助于缩短烹煮时间。

2 如果给更小的宝宝品尝，可以稍稍放凉后倒入料理机，打成细腻的米糊喂给宝宝。给大一点的宝宝吃出锅前还可以加点盐调味。

扫码观看视频

玉米米线

11~12
个月以上

🍚 **食材**

玉米面 55g ▌大米粉 30g ▌马蹄粉 30g ▌清水 110g

这道 玉米米线，用玉米粉、大米粉和马蹄粉来做，不需要揉面发面，轻轻松松就能做出一碗柔软带点筋道的"米线"。浓浓的玉米香中夹着马蹄的清爽，大孩子、小孩子都会特别喜欢。

🍴 **步骤**

1 把玉米面、大米粉和马蹄粉要求倒入搅拌碗里，加入清水。

2 搅拌至顺滑无颗粒的状态。

3 装入裱花袋中。

4 剪出一个小口。

5 烧一锅水，水开后转小火，在水不再沸腾的状态下将面糊打圈挤入锅中。

6 等面线全部挤入后，再用小火煮约7分钟，就大功告成了。

小贴士

1 清水要分次倒入，边加边搅拌，不要一次性全部倒入。大米粉可以用市售的黏米粉来做，玉米面搭配大米粉，口感会软和许多，粗细结合营养更加均衡。不过玉米面和大米粉都缺乏面筋，遇热无法成形，加入马蹄粉可以让面团进入热水中迅速凝固。没有马蹄粉的话可以用等量的藕粉代替。

2 要做好这道米线最关键是要把握好稀稠度，拌好的面糊应该是提起来可以缓慢滴落的黏稠状态。

3 注意裱花袋口子别剪太大，能让面糊流出来即可。

4 倒入面糊时，一定要确保水没有沸腾，不然面线不易成形。

扫码观看视频

豆苗虾皮小软饼

🍲 食材

配方奶 100mL ▍中筋面粉 60g ▍豆苗 10g ▍
虾皮 2g ▍鸡蛋 2个

这道豆苗虾皮小软饼，除了用配方奶来
增加奶香味之外，还加入了虾皮来提鲜增香，
再搭配口感清爽的豆苗，既均衡了营养，而且
不额外调味，宝宝也可以吃得香喷喷哦！

扫码观看视频

🍴 步骤

1 将虾皮提前用清水泡软。

2 细细切碎。

3 把豆苗用开水焯约1分钟。

4 切成碎末。

5 把豆苗连同虾皮一起和中筋面粉混合，打入鸡蛋。

6 再加入配方奶，搅拌均匀至无干面粉的状态。

7 热锅少油，舀入适量面糊摊薄。

8 煎至底部凝固后翻面。

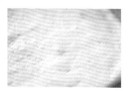

9 继续煎至两面微黄，即可出锅。

🍴 小贴士

1 虾皮也可以用干贝、紫菜等代替。

2 如果宝宝对蛋清过敏，可以用4个蛋黄代替。面粉请用中筋面粉（普通面粉）或者低筋面粉。

3 配方奶也可以用牛奶或清水代替。

鹰嘴豆小松饼

食材

鹰嘴豆 30g ┊ 中筋面粉 30g ┊ 配方奶 30mL ┊ 蛋黄 1个

鹰嘴豆营养全面，没有很重的豆腥味，吃起来带点板栗的清甜，非常适合用来做宝宝辅食。将鹰嘴豆搭配面粉、奶和蛋，就能做出一道软硬适中、方便宝宝抓握的辅食小饼。虽然不加任何调味料，但食材的天然香味，完全可以满足1岁内小宝宝的口感需求。

扫码观看视频

📖 步骤

1 将鹰嘴豆提前泡2个小时以上。

2 冷水入锅，煮约15分钟。

3 捞出，稍稍放凉。

4 剥去鹰嘴豆的外皮。

5 把鹰嘴豆倒入料理机中，加入配方奶和蛋黄，搅打均匀。

6 把泥糊倒入搅拌碗中，加入中筋面粉（普通面粉）。

7 顺着同一个方向搅拌至呈无干粉状态。

8 小火热锅，舀一勺面糊放入锅中，煎至表面起小泡，底部凝固。

9 煎约2分钟后翻面，煎另一面。

10 小火继续煎约3分钟，熟透即可出锅。

小贴士

1 豆类的外皮粗纤维较多，太小的宝宝不容易消化，可以尽量去掉。

2 配方奶可以用等量清水代替。

3 面粉可以用其他筋度的面粉代替，口感上会有些许差别。

4 煎的时候面糊尽量摊薄一些，方便煎熟。

5 一次吃不完的，可以密封后冰箱冷冻保存，但要在两周内吃完。吃之前回锅煎热即可。

红薯蔬菜小饼

食材

中筋面粉 50g ▍菠菜 20g ▍红薯 1个 ▍清水 90g

红薯 富含淀粉、甘甜肥美的块根，不仅易于消化吸收，而且可以迅速转化为人体所需的能量。丰富的可溶性糖也给红薯带来了甘甜的滋味，所以红薯还有"甘薯""甜薯"的美称。这道红薯蔬菜小饼，软硬适中，既可以作为小朋友的早餐，对于辅食添加阶段的小宝宝而言，也是自主进食阶段不错的选择。

扫码观看视频

🍳 步骤

1 红薯削皮后切小块。

2 冷水上锅，水开后大火蒸15分钟蒸熟。

3 菠菜焯水约1分钟。

4 去蒂后切碎。

5 把蒸熟的红薯趁热捣成泥。

6 加入蔬菜碎，倒入面粉。

7 加入清水，边倒边搅拌，直到没有大的面疙瘩即可。

8 平底锅刷一层薄油。

9 倒入适量面糊，小火煎至底部定形。

10 轻轻翻面，煎至两面金黄即可。

小贴士 🍴

1 菠菜也可以用其他蔬菜代替。

2 不同牌子的面粉吸水性不一样，根据实际的面糊状态来调整即可。拌好后提起筷子，达到面糊可以较为顺畅地滑落的状态即可。

银耳香蕉薄饼

🍽 食材

鸡蛋 1个 ▎香蕉 100g ▎中筋面粉 40g ▎
配方奶 30mL ▎银耳 1g

银耳含丰富的蛋白质和膳食纤维，
既能给小宝宝提供丰富的营养，预防便
秘，同时柔软的胶质可以改善食物的质
地，吃起来口感更为软糯。这道香蕉薄饼
就掺入了少量的银耳糊，小火煎制后软硬适
中，11个月左右的宝宝也可以开心享用。

扫码观看视频

🍴 步骤

1 将银耳提前用清水泡发好。

2 倒入料理机中，加入配方奶。

3 用料理机充分搅打均匀。

4 盛出打好的银耳奶糊备用。

5 把香蕉放入小碗里捣成泥状。

6 拌入银耳奶糊中，加入中筋面粉和鸡蛋。

7 用筷子充分拌匀。

8 平底锅热锅少油，倒入适量面糊。

9 轻轻晃动平底锅，让面糊尽量铺平底部。

10 小火煎至底部凝固微黄后翻面。

11 继续煎至两面微黄后关火。

12 放在案板上，切成小长条。

13 卷起后切段，就可以给小宝宝品尝了。

鹰嘴豆豆腐

1岁
及以上

🍲 食材

鹰嘴豆 200g ▍清水 500g

鹰嘴豆 称得上宝宝的超级食物：它含有丰富的植物蛋白，含至少18种氨基酸，其中人体必需但自身不能合成的8种氨基酸全部具备，含量比燕麦还要高出2倍以上。氨基酸参与人体的多项生理活动，对宝宝的智力发育、骨骼生长有着不可低估的作用。鹰嘴豆还含有丰富的钙质，膳食纤维含量更高于其他豆类。

🏠 步骤

扫码观看视频

1 鹰嘴豆放入水中,放入冰箱,浸泡8个小时以上。

2 浸泡好的豆子洗净后放入搅拌机或破壁机中,加入水,打成细腻的豆浆。

3 将打好的豆浆倒入纱布中,提起纱布,用力挤出豆浆。

4 剩余的清水倒入杯壁中,将杯壁残留的豆渣过滤出来。

5 开小火,熬至豆浆慢慢浓稠即可关火,约10分钟。

6 倒入准备好的模具中。

7 包上保鲜膜,放入冰箱冷藏室冷藏2小时。

小贴士

1 时间充足的话可以将鹰嘴豆浸泡过夜,这样出汁率会更高。

2 熬豆浆的过程中要不停搅拌,避免煳锅。

3 没有不粘模具的话也可以用其他容器盛装。

4 利用鹰嘴豆里的淀粉糊化、冷却后凝固的特性,就可以形成类似内酯豆腐一样绵软的口感。因为没有加凝固剂,淀粉的凝固效果会随着时间而慢慢减弱,所以冷藏2个小时左右吃为宜,尽量不要冷藏过夜,否则会渗出很多水分,影响口感。

5 脱模后即可食用。也可以不脱模,直接用勺子舀来吃。

6 大一点的宝宝或大人吃的话可以根据自己的喜好,淋上枫糖浆、果酱等进行调味。

燕麦南瓜松饼

1岁及以上

🍲 食材

去皮南瓜 50g ▎快熟燕麦 25g ▎鸡蛋 1个 ▎
细砂糖 2g ▎植物油 适量

扫码观看视频

燕麦中的膳食纤维含量丰富，特别是其中的 β -葡聚糖，对于预防宝宝便秘和肠道疾病有很好的作用。这道燕麦南瓜松饼，甜糯的南瓜香味搭配淡淡的天然麦香，再加上松软的口感，一定会让宝宝的早餐变得更丰富多彩！

步骤

1 南瓜切成小块。

2 冷水上锅，水开后继续蒸10分钟左右。

3 放凉后倒入料理机中。

4 加入快熟燕麦、细砂糖，打入一个鸡蛋。

5 一起搅打成细腻的泥糊。

6 不粘锅用小火加热，刷一层薄油。

7 舀一勺糊到锅中，摊成圆饼状。

8 小火煎约3分钟，煎至底部凝固。

9 翻面，继续煎至两面金黄后，即可出锅。

小贴士

大一些的宝宝，可以淋上枫糖浆（蜂蜜、糖桂花），或者抹上花生酱、沙拉酱、甜品等等，配上一杯热腾腾的牛奶，就是一顿可口的早餐了。

笋丝饼

1岁及以上

🍴 **食材**

莴笋 100g ▎中筋面粉 30g ▎鸡蛋 2个 ▎虾皮 6g ▎盐 1g ▎植物油 适量

莴苣是夏季常见的应季蔬菜，而莴笋作为专门培育的茎用莴苣，脆嫩的茎部吃起来清甜脆爽，在夏天做凉拌菜或者快手小炒都特别好吃。这道笋丝饼做法非常简单，新手也能分分钟搞定！

🍳 步骤

1 虾皮提前用清水泡发。

2 莴笋去皮后，切成细丝。

3 加入中筋面粉（普通面粉）当中。

4 加入虾皮和盐，打入2个鸡蛋。

5 搅拌均匀。

6 热锅少油，倒入面糊。

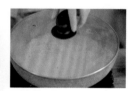
7 加盖，中小火煎至底部凝固。

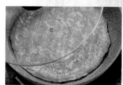
8 翻面，加盖继续煎。

9 煎至两面微黄后出锅。

10 切成小块，即可食用。

小贴士

虾皮也可以用银鱼、干贝等代替。

扫码观看视频

洋葱圈蛋饼

1岁及以上

🍲 食材

洋葱 半个 ▎ 胡萝卜 20g ▎ 鸡蛋 1个 ▎ 芦笋 1根 ▎
玉米淀粉 3g ▎ 盐 1g ▎ 植物油 适量

🍴 步骤

1 取半个洋葱，在靠中间部位横切出几个厚度约为5mm的圈圈。

2 挑出4~6个形状保持得较好的洋葱圈。

3 取约10g洋葱，切成碎丁。

4 取一根芦笋，削去老皮。

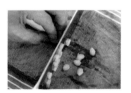

5 切成细丁。

6 胡萝卜洗净、去皮，擦成细丝。

7 打入鸡蛋，搅匀。

8 加入萝卜丝、洋葱丁、芦笋丁，调入玉米淀粉和盐。

五颜六色的蔬菜不仅在感官上给孩子们带来视觉和味觉上的不同体验，不同的营养组成更是为孩子们的营养多样化提供了坚实的基础。尽可能地为孩子们的每一餐提供多种蔬菜，虽然准备时稍微麻烦了些，但食材的多样化却能给他们的健康带来很大的益处。这道美食，既有丰富多样的蔬菜，还特别简单，就连"模具"都是由蔬菜来担当，快给孩子做来尝尝吧！

扫码观看视频

9 用筷子充分搅拌均匀。

10 不粘锅刷一层薄油，摆入洋葱圈。

11 开小火，在洋葱圈中依次填入适量馅料。

12 煎至底部蛋液凝固后翻面。

13 继续煎约3分钟，至两面微黄熟透，即可出锅。

小贴士

1 切洋葱之前先磨一下刀，有助于切出平整的切面，煎的时候馅料也不容易漏出。

2 调味料可以根据小宝宝的年龄和口味来调整，如果宝宝还没添加调味品，可以不加盐，尽量让小宝宝品尝天然食材的味道。

星星鱼蛋饼

1岁及以上

🍴 食材

鲳鱼肉 1片 ▎鸡蛋 1个 ▎秋葵 1根 ▎洋葱 10g ▎
柠檬 1片

秋葵和普通蔬菜最大的不同在于黏滑的黏液带来的特殊口感，这种黏液来自于无法被人体消化吸收的多糖，能够刺激肠道蠕动，还有一定的清肠功效。

秋葵还能补充维生素。但要注意的是，吃秋葵一定要趁新鲜。采摘下来的秋葵放置太长时间就会变得不易咀嚼。

扫码观看视频

🍴 步骤

1 鲳鱼肉洗净，和柠檬一起放入锅中。

2 蒸约6分钟。

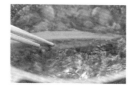

3 将秋葵放在开水中烫1分钟。

4 捞起后放入凉水中浸泡片刻。

5 洋葱切丁。

6 秋葵切小片。

7 蒸好的鱼肉去皮、去骨。

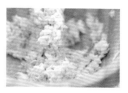

8 捣碎，注意挑出细刺。

9 倒入洋葱丁，打入一个鸡蛋，拌匀。

10 平底锅刷薄油。

11 开小火，倒入鱼泥，放入秋葵。

12 小火煎约3分钟。

13 盖上盖子，关火焖3分钟，让鱼蛋饼充分熟透。

14 切成小块即可食用。

小贴士 🍴

1 鱼肉可以自由选择，少刺、无刺的鱼肉都可以使用。柠檬可以去腥，放一小片即可。

2 秋葵不需要焯太久，颜色变青翠即可，不然黏液析出太多，或者在煮的过程中裂开，无论口感还是观感都大打折扣。

3 过凉水可以保持秋葵鲜翠的颜色和口感，如果过冰水，效果会更好。因为没有加其他调料，所以加一点洋葱来提味。

山药紫薯小方

1岁及以上

🍴 食材

山药 200g ▌紫薯 200g ▌牛奶 15g ▌细砂糖 3g

扫码观看视频

　　山药、紫薯淀粉含量极其丰富，不需要单独调味就已经带有甜甜的口感。蒸煮后不需要借助特殊工具，就可以研磨成泥，作为小宝宝的辅食来说，是非常健康和易于制作的食材。这道山药紫薯小方，造型讨巧，口感绵软，小朋友吃起来一定特别开心。

🍴 步骤

1 紫薯洗净削皮，切成小块。

2 山药切小段。

3 冷水上锅，水开后大火蒸15分钟。

4 将紫薯倒入搅拌碗里，加入牛奶（也可以用配方奶代替）。

5 趁热捣成紫薯泥。

6 山药去皮。

7 加入细砂糖，趁热碾成泥。

8 把紫薯泥铺在模具里，把表面用勺背抹平。

9 铺上山药泥，抹平表面。

10 把模具取出。

11 切成合适的大小即可。

小贴士

1 紫薯和山药都要蒸熟蒸透，才容易研磨。可以用筷子戳一下，如果轻松戳入，就代表蒸好了。

2 如果宝宝的食物中一直没有添加过调味品，可以不加糖。

3 可以用方形的玻璃碗等容器来做模具。

4 给大一些的宝宝吃的话，可以在表面撒一层薄薄的黄豆粉或者芝麻碎，看起来也会更加诱人。

彩蔬拌鸡丝

食材

鸡胸肉 150g ┃ 莴笋 60g ┃ 胡萝卜 50g ┃ 虾皮 8g ┃
细砂糖 3g ┃ 生抽 2g ┃ 生姜 1片 ┃ 盐 1g ┃ 温水 60g ┃
植物油 适量 ┃ 熟芝麻 适量 ┃ 清水 适量

在炎炎夏日提不起食欲时，一份凉拌鸡丝绝对会让一家人胃口大开。将鸡胸肉撕成丝，不仅可以减少鸡胸肉水煮后偏柴的口感，同时加上虾皮、熟芝麻和蔬菜丝等爽口的食材，反而能提升口感，吃起来特别清爽。

扫码观看视频

🏠 步骤

1 将虾皮用清水浸泡片刻。

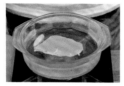

2 将鸡胸肉整块放入清水中，加入生姜，一起煮开。

3 水开后继续煮约15分钟。

4 稍凉后，撕成丝。

5 莴笋刨去外皮。

6 切成细丝。

7 将胡萝卜切丝。

8 把生抽、细砂糖和温水混合，调成酱汁。

9 热锅少油，倒入莴笋丝和胡萝卜丝，翻炒约3分钟。

10 加入泡软的虾皮，继续炒约2分钟。

11 盛出后倒入盛有鸡丝的盘中。

12 倒入酱汁和熟芝麻。

13 搅拌均匀，即可食用。

小贴士 🍴

1 浸泡可以更好地去除虾皮中的杂质和盐分，同时有利于烹饪时更好地释放出其中的鲜味氨基酸，给菜肴提鲜、增香。

2 如果选用的鸡胸肉肉质较厚，可以切成片后再煮，避免中间部位煮不熟。

3 莴笋外皮的粗纤维非常影响口感，要尽量刨干净。

4 如果给大一点的宝宝吃，可以在出锅前适当调入一点盐。

窝蛋双丝饼

🍽 食材

面粉 10g ┃鸡蛋 2个 ┃土豆 1个 ┃胡萝卜 半根 ┃盐 1g

这道蔬菜饼，利用了土豆丝和胡萝卜丝来充当饼皮，食材的香气更加浓郁，在中间加入"荷包蛋"，整体的造型显得特别讨巧，营养和味道也更全面了。

扫码观看视频

🍲 步骤

1 土豆洗净，削皮。

2 切成小片后细细切丝。

3 将胡萝卜切成细丝。

4 热锅少油，倒入土豆丝和胡萝卜丝翻炒。

5 中火翻炒约3分钟后，撒入盐。

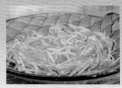

6 翻炒均匀后出锅。

7 拌入面粉，搅匀。

8 平底锅刷一层薄油。

9 倒入一半食材，用锅铲摊成圆饼状，中间稍微留空。

10 小火煎约1分钟后，打入一个鸡蛋。

11 盖上盖子，煎至蛋白完全凝固。

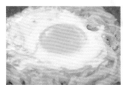

12 关火后，继续闷5分钟再揭盖。

小贴士

1 面粉可以用普通面粉或者高低筋面粉。

2 最后加盖焖的时候，时间要充足，利用余温确保蛋黄、蛋白全熟。

秋葵鸡丁

1岁半及以上

🍲 **食材**

鸡腿 2个 ▌秋葵 150g ▌玉米淀粉 5g ▌生姜丝 2g ▌
生抽 2g ▌盐 1g ▌温水 20g

扫码观看视频

🍴 **步骤**

1 将洗净的鸡腿用食物剪剪断骨和肉相连的肌腱，抽出腿骨。

2 切成小丁。

3 加入生姜丝和玉米淀粉，抓匀后腌制20分钟去腥。

4 把秋葵放入开水中焯约15秒。

5 捞出后快速放入凉开水中浸泡，让秋葵保持鲜脆口感。

6 切小块备用。

7 炒锅倒油，开中火，倒入鸡丁快速炒散。

8 中火炒约6分钟后倒入秋葵。

9 倒入生抽、盐、温水。

10 炒匀后，即可盛盘上桌。

小贴士

调味料的使用量请根据宝宝年龄和口味进行调整。

秋葵丰富的黏液中含有丰富的水溶性膳食纤维，可以刺激肠道蠕动，预防便秘。另外，煮过的秋葵过凉水后口感会变得清脆，搭配肉类一起吃不仅可解腻，还能让营养更加均衡。

粒粒玉米饼

食材

玉米 1根 ▌中筋面粉 30g ▌牛奶 25g ▌玉米淀粉 10g ▌
鸡蛋 1个 ▌细砂糖 3g ▌植物油 适量

这道专为小宝宝改良过的玉米烙，只需要低温烹饪，油的用量控制到最少，虽然成品的口感没有油炸那般酥脆，但柔软易嚼的口感和奶香十足的滋味，再搭配玉米本身粒粒分明的嚼劲和甜香味，吃起来也别有一番风味。

步骤

1 玉米用刀割出一道口子。

2 沿着割口把玉米粒剥下。

3 倒入开水中焯约2分钟。

4 沥干水分。

5 倒入搅拌碗里，加入中筋面粉和玉米淀粉。

6 加入细砂糖，拌匀。

7 打入一个鸡蛋，加入牛奶。

8 搅拌均匀。

122 跟着捡爸做辅食，30 分钟搞定宝宝爱吃的营养餐．按功效加强篇

扫码观看视频

小贴士

1 鸡蛋和牛奶可选用，也可以用30g左右的清水代替。

2 拌好的玉米面糊应该是黏稠，提起后不容易滴落的状态。

3 没有模具的话，也可以直接在平底锅摊成圆饼状。

4 注意不要摊太厚，越薄越容易熟，口感会更好。

5 一次吃不完的，可以密封后放入冰箱冷冻，但要在两周内吃完。

9 模具四周刷上植物油防粘。

10 小火热锅，刷上薄薄一层植物油。

11 放入模具。

12 在模具中倒入适量玉米面糊。

13 煎至表面略微凝固。

14 从模具中倒扣。

15 重新热锅，把玉米烙未煎的一面朝下放入，煎至两面金黄，即可盛出。

圆白菜早餐饼

1岁半及以上

食材

鸡蛋 2个 ┃ 圆白菜 1/4个 ┃ 中筋面粉 35g ┃ 虾皮 5g ┃
盐 1g ┃ 植物油 适量

步骤

1 虾皮提前泡软备用。

2 把圆白菜去梗，取1/4个备用。

3 细细切碎。

4 加入泡发好的虾皮、盐，打入鸡蛋。

5 加入中筋面粉（普通面粉）。

6 用筷子充分拌匀。

7 平底锅热锅少油，倒入食材，铺平底部。

8 小火煎至底部微黄，表面凝固。

9 取一个大小合适的平盘，倒扣在面饼上，把平底锅翻转。

10 再把平盘中的面饼挪到锅里。

11 继续小火煎至两面金黄后出锅。

12 用刀切小块，或者用模具做出造型，宝宝会更爱吃哦！

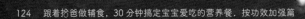

圆白菜不仅适合炒菜，做起小饼来同样美味可口。这道快手小饼，食材简单，做起来方便、快捷，口感香脆，营养也相当均衡。

扫码观看视频

小贴士

① 虾皮可以替代部分盐调味，也可以用干贝、银鱼等代替。

② 盐的分量请根据宝宝年龄和口味进行适当调整。

③ 如果不介意面饼完整性，也可以用锅铲翻面。

虾皮丝瓜烧毛豆

1岁半 及以上

🍲 **食材**

丝瓜 1根 ┃ 毛豆粒 60g ┃ 虾皮 10g ┃ 蒜末 适量 ┃ 盐 1g ┃ 生抽 1g ┃
植物油 适量 ┃ 清水 100g

🍳 **步骤**

1 虾皮提前用清水泡软。

2 丝瓜去皮后切滚刀块。

3 热锅少油，倒入蒜末炒香。

4 放入毛豆粒，中火翻炒约3分钟。

5 再倒入丝瓜块，继续翻炒4分钟左右至丝瓜变软。

6 倒入虾皮，炒匀后注入100g清水。

7 加盖转中小火焖煮约3分钟。

8 加入生抽和盐，翻炒均匀后出锅。

小贴士

1 虾皮、干贝等天然食材富含鲜味氨基酸，可以代替部分盐调味。

2 调味料的用量请根据宝宝年龄和口味来调整。

毛豆水分含量高，口感软嫩。这道用毛豆和丝瓜等食材搭配做的快手小炒，丝瓜清甜，毛豆豆香，加上一点鲜美的虾皮，清爽不腻，汤汁拌饭让人胃口大开，夏季食欲不佳时不妨来上一盘。

扫码观看视频

山楂藕片

食材

莲藕 150g｜山楂 8个｜冰糖 15g｜清水 适量

无论是新鲜山楂还是晒制的山楂干，其中的有机酸可以促进胃肠的蠕动，并增强蛋白酶的活性，达到助消化的目的。这道酸甜开胃的小食，用山楂熬出的果浆搭配脆爽的莲藕，不仅提高了宝宝的食欲，作为一道毫无负担的小清新美食，还能让一整天的心情都变得更愉悦。

🍲 步骤

1 莲藕洗净、削皮，切成薄片。

2 倒入沸水中，焯约2分钟。

3 迅速浸到凉开水中，既可以保持脆爽的口感，也能防止氧化变色。

4 山楂洗净，去柄。

5 沿中间切一圈。

6 把果核取出。

7 把莲藕沥干水分。

8 取一口小锅，装入山楂。

9 注入没过山楂的清水，加入冰糖。

10 中火熬煮至山楂软烂，汤汁黏稠。

11 把藕片加入，拌匀，让藕片充分吸收酸甜的汤汁。

🥄 小贴士

1 尽量选择脆藕而不是粉藕，口感才会更脆爽。

2 藕片如果切得薄，焯水时间不用太久，2分钟左右即可。

3 如果买不到新鲜山楂，可以用泡水后的山楂干代替。

清炒莴笋丝

🍴 食材

莴笋 1根 ┃ 蒜头 2瓣 ┃ 盐 1g ┃ 枸杞子（泡发）适量 ┃ 植物油 适量

夏天 是吃莴笋的季节。简单炒一炒，清脆鲜嫩的口感会让人食欲大开。这道做法简单又开胃的清炒莴笋丝，只需简单几步就能完成，不喜欢吃油荤的朋友一定要试试哦！

扫码观看视频

步骤

1 用小刀或者刮皮刀去掉莴笋的外皮和白色的粗纤维。

2 斜切成薄片。

3 细成切丝。

4 将蒜切成末。

5 热锅加油，倒入蒜末炒香。

6 加入莴笋丝，翻炒约5分钟。

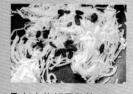

7 加入枸杞子和盐。

8 翻炒均匀后，即可盛盘出锅。

海米双丝饼

🍲食材

白萝卜 200g ▎莴笋 200g ▎海米 20g ▎中筋面粉 20g ▎
鸡蛋 1个 ▎小葱 1根 ▎盐 2g ▎生抽 2g ▎植物油 适量

记得小时候每次回奶奶家，回来时都会带上一大袋奶奶
亲手晒干的海米。咸、鲜、香，鲜红的虾仁颗颗肉质饱满，散
发着诱人的光泽。那时候最喜欢撕成小条，就着生滚粥吃，有
滋有味。可惜现在已经尝不到奶奶亲手做的海米了，市面上买
到的海米，不是太咸就是少了嚼头，总觉得少了些滋味……

这道海米双丝饼，把白萝卜丝和莴笋丝这两种特别适合煎
制的蔬菜混合，配上海米、小葱等食材，做法简单、口感柔
韧、味道鲜美。

扫码观看视频

🏠 步骤

1 把海米提前放入清水中进行泡发。

2 将白萝卜洗净、削皮。

3 用擦丝器擦成细丝。

4 加入盐，抓匀、腌出水分。

5 将莴笋削皮、刨丝备用。

6 小葱切末。

7 把腌出水的萝卜丝挤干水个。

8 海米切丁。

9 将处理好的食材倒入搅拌碗里，打入鸡蛋。

10 再加入中筋面粉（普通面粉）和生抽。

11 用筷子顺着一个方向拌匀。

12 平底锅热锅少油，舀入适量面糊，摊成小饼状。

13 中小火煎至一面成形后，翻面。

14 继续煎至两面微黄、熟透后即可出锅。

凉拌藕丁

🍲 食材

莲藕 200g ▌红、黄甜椒 各10g ▌小葱 1根 ▌
蒜 2瓣 ▌白醋 5g ▌细砂糖 3g ▌盐 1g

凉风起，叶儿黄时，秋藕便上市了。这个季节的莲藕，脆脆的、嫩嫩的，清甜爽口，特别解腻。这道凉拌藕丁，把嫩藕调入酸甜的滋味当中，开胃爽口，吃起来特别过瘾！

步骤

1 将洗净的莲藕削皮。

2 切丁。

3 倒入开水中焯4分钟。

4 捞起后迅速放入凉开水中浸泡，防止氧化变色，并保持莲藕脆爽的口感。

5 红、黄彩椒切小丁。

6 将蒜和小葱切末。

7 把藕丁沥干水分。

8 加入盐、白醋和细砂糖，拌匀。

9 热锅少油，倒入彩椒翻炒。

10 加入蒜末和葱花，炒1分钟左右。

11 关火，拌入藕丁里。

小贴士

莲藕分为粉藕和脆藕。粉藕颜色较深，偏黄或者粉红色，掰开丝比较多。而脆藕颜色洁白富有光泽，掰开时丝较少。粉藕适合煲汤，脆藕适合凉拌，挑选时需要注意。

铁是造血不可或缺的元素。宝宝出生后体内储存有从母体获得的铁，可供 5~6 个月之需。如果 6 个月之后不及时添加铁含量丰富的食物，宝宝就会出现营养性缺铁性贫血。

5

补铁这么吃，
预防缺铁性贫血

西蓝花牛肉土豆泥

6~8 个月以上

🍲 食材

牛里脊 50g ▌西蓝花 1块 ▌土豆 1/2个 ▌柠檬 1片

除了 高铁米粉之外，铁含量丰富的红肉也是小宝宝补充铁质的重要途径之一。牛肉经过炖煮之后，鲜味氨基酸所释放出来的气味更加能勾起宝宝的食欲。如果和淀粉含量丰富的土豆一起炖，就更有营养了。

🍲 步骤

1 牛里脊洗净，切去筋膜。

2 切成大小相近的块。

3 放入清水中浸泡，去除血水。

4 将西蓝花放入开水里焯约2分钟。

5 去掉较硬的茎部后，细细切碎。

6 把牛肉粒沥干水分。

7 挤入几滴柠檬汁，腌制10分钟左右去腥。

8 将牛肉粒倒入小汤锅中，注入适量清水。

138　跟着抢爸做辅食，30 分钟搞定宝宝爱吃的营养餐．按功效加强篇

小贴士

1 浸泡时如果血污较多，可以中途更换几次清水。
2 如果牛肉太干无法用料理机打成糊，可以把煮汤的水倒入一小部分。
3 如果一次吃不完，可以用冰格分装密封后冷冻起来，每次取适量加热后食用，但需在两周内吃完。

扫码观看视频

9 煮开后，撇去浮沫。

10 加盖，焖煮约30分钟。

11 趁这个时间来准备土豆，将土豆洗净、削皮，切成小丁。

12 倒入锅中，一起炖煮约15分钟。

13 捞出，稍稍放凉。

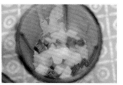

14 倒入料理机中。

15 搅打成细腻的泥糊，即可。

番茄猪肝泥

食材

新鲜猪肝 100g ▎番茄 150g ▎生姜丝 适量

最新版《中国居民膳食指南》指出：7~12月龄的婴儿，99%的铁必须从添加的辅食里获取。如强化铁的婴儿米粉、肉泥等，在此基础上再逐步引入其他不同种类的食物，以提供不同营养素。

在所有补铁的食物里，新鲜肝脏可以算得上补铁效果最好的食材了。肝脏不仅铁含量最为丰富，而且还含有大量的维生素A、维生素C、维生素B_{12}，对于小宝宝来说非常容易吸收。

新鲜肝脏虽然补铁效果最好，但也不能经常吃，1~2周做一次为宜，其余时间还是要以高铁米粉和红肉泥作为日常的补铁辅食。

扫码观看视频

🍴 步骤

1 猪肝去掉筋膜，切小片。

2 放入生姜丝，加水浸泡至完全没有血水。

3 番茄表面切"十"字形，放入热水中浸泡5分钟。

4 番茄去皮、去子，切小块。

5 猪肝冷水入锅，大火煮开后，撇去浮沫，再煮6分钟至熟透。

6 番茄用搅拌机搅打成泥，用平底锅小火熬至黏稠。

7 将煮好的猪肝取出，放入研磨碗中，研磨成猪肝泥。

8 将猪肝泥和番茄混合后，即可食用。

小贴士

1 肝脏的筋和膜不易被消化、吸收，所以处理时要尽可能除净。

2 生姜可以去腥，同时也可以起到杀菌的作用。浸泡猪肝的水要换几次，直至血水全部去除，才能将猪肝充分洗净。

3 番茄的维生素C含量丰富，而维生素C与维生素E协同作用，可以促进铁的吸收。番茄搭配猪肝，口感上也变得更加丰富，宝宝容易接受。

4 用筷子夹猪肝时，如果可以轻易夹断，说明猪肝已经熟透。

5 将猪肝泥用带滤网的研磨碗过滤后，猪肝泥会更加细腻，更适合初期宝宝过渡到固体食物。

6 如果做好的番茄猪肝泥过干，可以用少量米糊进行冲调，再喂给宝宝吃。另外，食材的使用量是按照2~3次食用量进行分配的，可以一日分2~3次喂给宝宝吃。

南瓜牛肉面线汤

9~10
个月以上

🥣食材

南瓜 100g ｜ 牛肉 30g ｜ 中筋面粉 25g

扫码观看视频

面线，有些地方也叫线面，或细如银丝，或薄如绵纸，质地幼滑，落汤不糊，入口柔润，弹韧有余，制作时非常考究技艺。这道简易版的面线汤，借助一个小小的裱花袋来完成，不会做面条的朋友也能轻松上手。

牛肉的肉香加上南瓜的甜香，味道诱人，绵软的质地，没长牙的宝宝也可以用牙龈和舌头轻松捣碎，易咀嚼易消化。无论是做辅食面条，还是宝宝胃口不佳、营养不良时，都特别合适。

步骤

1 牛肉切片后剁成肉馅。

2 南瓜去皮后切小块。

3 将牛肉馅和南瓜块一起放入锅中，水开后继续大火蒸15分钟至熟透。

4 稍凉后倒入料理机。

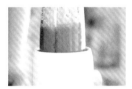

5 搅打至细腻、牛肉与南瓜充分混合。

6 装入搅拌碗里，加入中筋面粉。

7 顺着一个方向搅拌至面糊顺滑、无颗粒的状态。

8 将面糊装入裱花袋里。

9 裱花袋前端剪一个小口。

10 烧一锅水，水开后转小火。

11 向锅中打圈挤面线。

12 等面线统统浮上水面后，继续小火煮约2分钟，即可食用。

小贴士

1 切牛肉时要切去筋膜，以免影响口感。

2 中筋面粉即普通面粉，适合做面条，倒入搅拌碗时，要逐渐加，边倒边搅拌。注意一次不要全部倒入，防止面糊变得过稠，或出现拌不匀的现象。

3 没有裱花袋也可以用保鲜袋代替。

4 裱花袋的口不要剪太大，不然一次挤的面糊太多，面线不易成形。

5 下面时火一定不能大，微微沸腾即可就好，过度沸腾的水会把面线煮断。

牛肉山药包心丸

🍽 食材

牛肉 100g ▎山药 30g ▎奶酪 10g ▎洋葱 10g ▎
面粉 10g ▎清水 适量

对于咀嚼吞咽能力尚弱的小宝宝而言，吃肉丸可能有一些难度。想丸子既有弹性，又易于咀嚼，就要在纯肉当中适当添加质地绵软，但又不破坏弹性的食材。山药恰恰是难得的好搭档。山药经过高速搅拌之后，黏液充分释出，还能起到黏合剂的作用，做出来的丸子劲道绵软，特别适合小宝宝。

扫码观看视频

1 牛肉用清水浸泡，去除血水。

2 山药去皮，切成小段。

3 洋葱切丁。

4 把去除血水的牛肉，先挑去筋膜。

5 切成小块。

6 将牛肉、山药、洋葱一起倒入料理杯中。

7 搅打成细腻的泥糊。

8 倒入搅拌碗里，加入面粉。

9 用筷子顺着一个方向搅拌，直到肉馅上劲。

10 双手蘸适量清水。

11 取一小团丸子置于掌心。

12 包入少许事先准备好的奶酪块。

13 团圆后左右手来回轻轻摔打几下。

14 依次做好剩余的丸子。

15 烧一锅水，水开后转中小火，把丸子轻轻放入锅里。

16 煮到丸子纷纷浮起，继续煮2分钟左右即可出锅。

17 捞出来，切成适合小宝宝入口的大小即可。

小贴士

1 中途可以多次换水，浸泡时还可以加一点生姜，有助于进一步去腥。牛肉可以补充铁质，也可以换成猪肉、鸡肉等食材。

2 筋膜会特别影响口感，尽量都挑去。

3 洋葱的辛辣也可以去除肉腥味。

4 面粉可以是高、中、低、筋的任何一种，筋度越低，口感会越软，反之越筋道，根据宝宝当前的咀嚼能力和口感喜好来选择即可。

5 可以根据搅拌的效果适当调整稀稠度，如果太干硬了，应该加一点清水或者蛋清来搅和；反之面粉的量就要稍稍多一些。

6 煮的时候注意要全程用小火。

菠菜猪肝软饭

🍽 食材

软米饭 50g ▍新鲜猪肝 30g ▍胡萝卜 20g ▍
洋葱 10g ▍菠菜 1根 ▍生姜丝 1g ▍清水 适量

　　当宝宝的咀嚼吞咽能力已经到达了一定阶段，可以
继续尝试更"高级"的食物时，并不代表宝宝马上就能适
应米饭、粗面条等成人食物。作为过渡期，宝宝还需要软
硬度更为合适的食物，软饭就是这一时期不错的选择。

　　把适合成人吃的米饭做成软米饭，再搭配各类营养食
材，就是一顿非常适合小宝宝锻炼进阶咀嚼吞咽能力的辅食
大餐了。这道菠菜猪肝软饭，荤素结合，热腾腾香喷喷，补
铁效果也很不错，无论是大宝、小宝，都值得一试。

🍲 步骤

1 新鲜猪肝洗净，切成小片。

2 加入清水和生姜丝，浸泡30分钟以上。其间可以多次更换血水，尽量去除杂质和腥味。

3 转入汤锅中，大火煮开。

4 撇去浮沫后，盖上盖子转中火继续煮15分钟。

5 把煮好的猪肝用研磨网（碗）碾压，滤出细腻的猪肝泥。

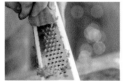

6 胡萝卜擦丝。

7 洋葱切丁。

8 菠菜焯水约1分钟。

9 切去根部，把茎叶细细切碎。

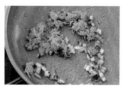

10 热锅少油，倒入胡萝卜丝和洋葱丁翻炒。

11 炒出香味后，加入适量清水。

12 倒入熟米饭，轻轻拌匀。

13 加盖，小火焖煮约3分钟。

14 等水分基本收干时，倒入猪肝末和菠菜碎。

15 翻炒约1分钟，即可出锅。

扫码观看视频

小贴士

1　虽然肝脏类辅食补铁效果不错，不过不建议多吃，一般一个月吃1~3次即可。平时可以用红肉来代替，作为铁元素的主要摄入来源。

2　如果没有擦丝器，可用刀把胡萝卜切成细丝。

3　菠菜焯水时，先焯较难熟的根茎部10秒左右，再将整根菠菜放入锅中焯熟。

4　倒入清水的量根据米饭最终要做的软硬度来决定，如果想米饭更软烂，宝宝更好咀嚼，就多些，反之少加些。

5　如果是给1岁以上的宝宝品尝出锅前可以酌情加盐调味。

迷你米饭牛肉比萨

食材

软米饭 200g ┃牛里脊 80g ┃番茄 半个 ┃鸡蛋 1个┃
圆白菜 20g ┃洋葱 10g ┃马苏里拉奶酪 适量┃
玉米淀粉 2g ┃生抽 1g ┃盐 1g

带有柔软拉丝和浓郁奶酪香的比萨无论大人小孩都爱吃，这道平底锅就能完成的比萨，相信可以让你和家人足不出户，就可以轻松在家享用。用米饭来做饼底，咀嚼能力尚在发育的小宝宝也能嚼得动。

扫码观看视频

小贴士

比萨馅料的选择比较随意，冰箱里有什么菜就可以用什么菜。

蒸米饭时要多放水，否则米饭底不易成形。

1 牛里脊洗净,切薄片。

2 再剁成肉糜。

3 调入盐、生抽和玉米淀粉,抓匀后腌制15分钟。

4 番茄去皮、去子后细细剁碎。

5 洋葱切丁、圆白菜切丁。

6 热锅少油,倒入洋葱丁翻炒出香味。

7 再加入牛肉,炒至牛肉变色。

8 倒入番茄丁和圆白菜丁,炒散。

9 炒至番茄出汁后,盛起备用。

10 铺一些米饭在保鲜膜上。

11 用保鲜膜将饭团成饭团,撕下保鲜膜。

12 将饭团压扁,做成厚度在1cm左右的圆饼。

13 取一个直径比圆饭饼直径短、干净的杯子,杯底沾少许清水,轻轻在饭饼上压出圆形小坑。

14 鸡蛋打散。用刷子给饭团两面刷上蛋液,依次做好剩余的圆饭饼。

15 平底锅底轻抹一层薄油。

16 小火加热,放入做好的圆饭饼。

17 煎至蛋液开始凝固后,铺上炒好的馅料。

18 撒上足量的马苏里拉奶酪。

19 盖上盖子,小火焖3分钟,至马苏里拉奶酪化开、蛋液彻底凝固后即可关火。

20 切成小块,柔软的米饭牛肉比萨就可以吃啦!

肉酱蒸茄龙

🍛 食材

去皮前腿肉 150g ▎茄子 1根 ▎生姜 1片 ▎小葱 1根 ▎
生抽 2g ▎盐 1g ▎淀粉 适量 ▎植物油 适量

茄子的做法有很多，或红烧，或酱爆，或者做成鱼香茄子，本身清淡寡味的茄子经过和其他调味料的调配，立马变得油滋滋、香喷喷，入口鲜美、滑爽，特别下饭。不过茄子本身很吸油，这道肉酱蒸茄龙，既减少了油脂的摄入，又能最大程度增加菜肴的香味。同时不需要多深厚的刀工，只需要借助一个小小的诀窍，就能使菜品变得很诱人。

扫码观看视频

🍲 步骤

1 去皮前腿肉洗净、切片。

2 剁成肉馅。

3 生姜切末。

4 小葱切末。

5 将葱花和姜末拌入肉馅里，加盐、生抽调味，拌匀后腌制片刻。

6 准备一根中等大小的茄子，一分为三。

7 在一截茄子前后夹两根筷子，左手轻按住茄子，右手切茄子。

8 每隔4mm左右的间距切一下，切出刀口均匀的茄片。

9 在茄子表面抹适量淀粉。

10 往茄肉缝里塞入适量肉馅。

11 依次做好剩余的。

12 热锅少油，把茄子带肉的一面朝下放入。

13 小火煎约3分钟成形后，翻面，每个面都煎一下，各面都煎至微黄后关火盛出。

14 冷水上锅，大火蒸8分钟，彻底蒸熟即可。

小贴士 🥄

1 调料的多少可以根据小宝宝的年龄和口味自行调整。

2 蒸的时候记得锅边留缝，防止水蒸气回流，影响口感。

3 如果想要味道和色泽更加浓郁，可以在出锅前，用水淀粉加酱油勾芡后再出锅。

1岁半
及以上

樱桃肉

🍲 食材

里脊肉 250g ┃ 淀粉水 100g ┃ 生姜丝 2g
番茄酱 30g ┃ 细砂糖 3g ┃ 盐 2g ┃ 白醋 2g
玉米淀粉 适量 ┃ 植物油 适量

🍱 步骤

1 里脊肉切片后，再切成约2厘米见方的小块。

2 用刀背把猪肉拍松。

3 加入生姜丝、盐，抓匀后腌制15分钟去腥。

4 放入玉米淀粉中抓匀。

5 用力捏成球状，依次做好剩余的肉球。

6 热锅少油，放入小肉球，小火慢煎。

樱桃肉 形如樱桃般大小，又因为色泽红亮而得名。不同地区的做法也不尽相同。这道樱桃肉的做法受东北地区特色菜锅包肉的启发，简单易做，挂糊调汁过的猪肉造型讨巧，酸甜开胃，是男女老少都喜爱的一道菜。

扫码观看视频

7 煎至底部成形后，用筷子划散，翻面继续煎。

8 煎至小肉球均匀上色后，盛起备用。

9 重新热锅，加入番茄酱和细砂糖，利用锅中底油翻炒均匀。

10 倒入白醋和事先调配好的淀粉水。

11 重新倒入小肉球，中火翻炒。

12 熬至酱汁浓稠后，即可出锅。

茄子焖肉末

☐ 食材

茄子 1根 | 前腿肉 150g | 淀粉水 100g | 蒜 2瓣 | 小葱 1根 |
冰糖 4块 | 盐 4g | 老抽 2g | 植物油 适量 | 生姜丝 适量

这道传统菜式，先把茄子腌制出水再入菜，
失去水分的茄子肉就不那么吸油了，搭配肥瘦相间
的前腿肉，就是一道美味、健康的佳肴。

🍳 步骤

1 茄子去柄，切细丁。

2 加入盐，抓匀腌制。

3 倒出腌制出来的水分。

4 前腿肉洗净后剁成肉糜。

5 加入生姜丝，抓匀腌制10分钟去腥。

6 小葱切末。

7 大蒜切末。

8 热锅少油，倒入蒜末和冰糖翻炒。

9 冰糖快融化时，加入肉末快速炒散。

10 加入老抽，继续大火翻炒3钟左右。

11 加入茄子并勾芡。

12 加盖转小火，焖约1分钟。

13 加入盐，撒上葱花，拌匀后即可出锅。

小贴士

1 茄子尽量切小一些，腌制的时间就会短一些，时间大概是15分钟左右。

2 加冰糖主要是为了调味、上色，可选用。

3 加入老抽可以上色，可选用。

4 勾兑水淀粉时，淀粉和水的使用量为5g和100g，勾芡可以让成品口感和色泽更加诱人。

芦笋肉卷

1岁半
及以上

食材

里脊肉 160g｜芦笋 8根｜鸡蛋 1个｜玉米淀粉 5g｜
细砂糖 2g｜姜丝 2g｜老抽 2g｜盐 1g｜植物油 适量｜
熟白芝麻 适量｜清水 60g

步骤

1 将里脊肉切小块。

2 装入料理机中,加入姜丝。

3 倒入鸡蛋、玉米淀粉和盐。

4 一起搅打成细腻的肉泥。

5 盛起在平盘中备用。

6 让洗净的芦笋在肉泥上滚一圈,裹上肉泥。

7 依次做好剩余的芦笋肉卷。

8 调酱汁,将清水和老抽、细砂糖混合。

鲜嫩的芦笋，也含有丰富的膳食纤维，可以改善肠道环境，对预防便秘非常有益。

扫码观看视频

9 热锅少油，放入芦笋，小火煎约2分钟后翻面。

10 倒入调好的酱汁。

11 盖上锅盖，焖约2分钟。

12 挨个翻面，让芦笋肉均匀吸收酱汁。

13 再盖回盖子，继续焖约1分钟。

14 略微收汁后，撒入适量熟白芝麻点缀。

 小贴士

1 因为淀粉和蛋液的加入，并进行高速的搅打，肉泥会变得黏性十足。

2 注意如果芦笋的茎已经变老了，可以把老茎切断，或者削去外皮，让口感更嫩一些。

里脊肉包饭团

1岁半
及以上

🍲 食材

里脊肉 250g ▏熟米饭 200g ▏胡萝卜 30g ▏
毛豆 适量 ▏枫糖浆 10g ▏清水 8g ▏生抽 2g ▏
盐 1g ▏姜丝 适量 ▏玉米淀粉 适量 ▏植物油 适量

🍳 步骤

1 里脊肉切薄片。

2 加入盐和生姜丝，腌制10分钟去腥。

3 将胡萝卜和毛豆焯水约8分钟。

4 把焯好的胡萝卜先切条、再切丁。

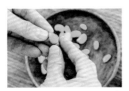

5 毛豆剥去外皮。

6 把蔬菜加入熟米饭里，拌匀揉压。

7 取一小份揉成饭团，按压紧实。

8 裹上一片里脊，尽量让两端贴紧。

遇上宝宝不爱吃菜，或者不爱吃肉，甚至连大米饭都不爱吃的时候，是件特别让人头疼的事情。这时候就应该在辅食的味道和颜值上下功夫了，尝试着把宝宝喜欢或不喜欢的食材搭配成可口的馅料，或者赋予食物美美的造型，就有可能获得孩子们的欢心。

扫码观看视频

9 在玉米淀粉里滚一圈，让肉饭团贴合得更加紧密。

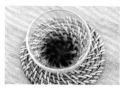

10 将生抽、枫糖浆与清水勾兑成酱汁。

11 热锅少油，把肉饭团收口朝下，码入锅中。

12 煎至底部微黄后，翻面，让肉片煎至变白。

13 逐个刷上酱汁。

14 继续煎至肉饭团上色均匀，即可出锅。

小贴士

1 里脊肉尽量切薄一些，才容易包裹饭团，同时也更容易煎熟。

2 如果宝宝咀嚼能力较好，毛豆可以不剥皮。

3 饭团要尽量按压实，煎的时候才不会容易散开。

4 如果没有枫糖浆，也可以用蜂蜜代替。

花环豇豆酿肉

食材

豇豆 适量 ▌干香菇 4个 ▌肉糜 100g ▌虾仁 50g ▌
老抽 3g ▌盐 1g ▌玉米淀粉 5g ▌清水 80g ▌

豇豆是夏天的时令菜，长长的豆荚带着夏天旺盛生命力的印记，入菜十分美味。豇豆几乎可以和你喜欢的任何食材搭配，吸收了其他食材香气的豇豆，特别可口诱人。这道创意菜用豇豆编织一个漂亮的花环，用讨巧的造型来吸引宝宝的眼球。加上猪肉与虾肉一起酿制，一定会让小宝宝爱上吃饭。

1 将香菇先用温水泡软。

2 将新鲜虾仁剁成泥。小心挑出虾腹、背的虾线。

3 将泡发好的香菇切丁。

4 把虾泥、香菇丁、肉糜倒入搅拌碗里，加入老抽、玉米淀粉和盐，搅拌至黏稠。

5 洗净的豇豆切掉两端。

6 放入沸水里焯1分钟左右。

7 过下冷水，保持豇豆爽脆的同时，也会让豇豆更有韧性，编豇豆环时不会轻易断开。

8 将豇豆编成小辫子的形状。

9 剪去多余的部分。

10 依次做好所有的花环。

11 取适量肉泥，填入花环里。

12 平底锅热锅少油，放入，小火煎约3分钟。

13 翻面煎至两面上色。

14 加入清水，盖上锅盖焖煮4分钟。

15 装盘，浇上锅里的汤汁，就可以开吃啦！

扫码观看视频

小贴士

1 加入虾泥的肉糜，口感会更加顺滑，不会觉得柴。如果担心有腥味，可以用姜葱水或者柠檬汁腌制去腥。

2 豇豆水煮的时间不要太久也不要太短，煮1分钟左右为宜，主要是为了方便编织花环。后面还会进一步烹煮，所以不用担心不熟。

3 不同锅的导热性不同，做好后可以先尝一下是否完全熟透。如果还没熟要再继续焖煮一会儿，确保豇豆完全熟透。

锌是宝宝生长发育必须的重要元素，母乳中的锌含量能满足宝宝生长发育的需求。但随着母乳质量的下降和辅食添加，通过食物补锌是妈妈一定要牢记的营养原则。

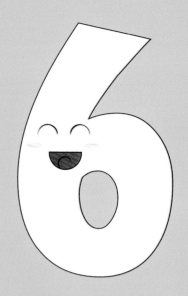

补锌这么吃，
让宝宝更有食欲

香煎干贝豆腐饼

9~10
个月

🍴 食材

北豆腐 80g ┃ 西芹 10g ┃ 干贝 3个 ┃ 蛋黄 1个 ┃ 玉米淀粉 8g

和虾皮、紫菜等海产干货一样，干贝（也叫元贝、瑶柱）也具有给菜肴增味提鲜的效果。扇贝的闭壳肌经过长时间的晒制，水分完全脱去，大量的氨基酸和核苷酸紧锁其中，这让干贝具有"天然味精"一般的浓郁鲜味。这道香煎干贝豆腐饼，利用干贝天然调料的特性，搭配豆腐和西芹，口感软嫩，虽然没有加其他调味料，但味道特别鲜美。

扫码观看视频

1 将干贝用温水提前浸泡3个小时以上。

2 泡软后,撕成细丝。

3 将北豆腐切成小块。

4 冷水下锅,水开后焯约2分钟,去除豆腥味。

5 捞出后,用勺背压碎。

6 将洗净的西芹切成小丁。

7 加入豆腐中,倒入干贝丝、蛋黄和玉米淀粉。

8 把食材充分混合均匀。

9 取适量泥糊置于手心,按成小圆饼状。

10 锅烧热后,加入少许油,把小饼放入锅中。

11 小火煎至底部成形后,翻面。

12 煎至两面金黄后,即可出锅。

小贴士

1 豆腐可以用老豆腐,也可以用嫩豆腐,效果类似。

2 玉米淀粉可以增加黏性,更容易煎成饼状。

干贝萝卜饼

🥣 食材

白萝卜 300g | 中筋面粉 60g | 鸡蛋 1个
干贝 25g | 小葱 1根 | 植物油 适量

🍴 步骤

1 将干贝放入清水中，泡发变软。

2 白萝卜削皮，用擦丝器擦出细丝。

3 把泡软的干贝撕成小条。

4 小葱切末。

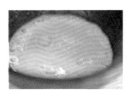

5 打入一个鸡蛋，搅匀。

6 把蛋液、葱花、干贝丝和中筋面粉倒入萝卜丝里。

7 充分搅拌均匀。

8 热锅加油，倒入面糊，铺平底部。

在绿叶蔬菜匮乏的冬季，水灵多汁的白萝卜算是不可多得的应季食材了。但是白萝卜带有少许辣味，除了焯水外，利用干贝等天然食材来搭配也是不错的选择。干贝富含的鲜味氨基酸不仅可以给菜肴提鲜，还能掩盖白萝卜的辛辣味。这道干贝萝卜饼，煎的微微焦脆的外皮配上香软的口感，既美味又营养，当早餐或配菜都不错哦！

扫码观看视频

9 小火煎约5分钟，至底部凝固。

10 关火，往锅里倒扣一个较大的平盘，将锅翻转180度，让面饼落在盘子上。

11 重新开火，在锅底刷薄薄一层油。

12 把盘子里的面饼平移入锅里，让没有煎到的那一面朝向锅底。

13 盖上锅盖，小火焖煎约6分钟即可。

14 出锅后切成小块，即可食用。

小贴士

中筋面粉（普通面粉）也可以用低筋面粉或高筋面粉代替，口感上会有些差异。

浇汁干贝土豆圆

食材

土豆 1个 ▌玉米淀粉 10g ▌干贝 8g ▌无盐黄油 8g ▌
生抽 2g ▌清水 100g

土豆平淡无奇的味道可以和任意食材搭
配这道浇汁干贝土豆圆，加入了黄油的奶香味和
干贝的鲜香味，独特的风味绝对会让这道菜深受
孩子们喜爱！

🍲 步骤

扫码观看视频

1 干贝用清水提前泡软。

2 土豆去皮、切滚刀块。

3 把土豆块和干贝一起冷水上锅，水开后大火蒸约15分钟。

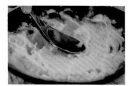

4 趁热将土豆捣成泥。

5 干贝撕成细丝。

6 拌入土豆泥中，用勺子搅拌混合均匀。

7 在案板上铺上保鲜膜，舀上一勺土豆泥。

8 把保鲜膜裹紧，土豆泥团成圆球状。

9 揭开保鲜膜，依次做好剩余的土豆圆。

10 把玉米淀粉、生抽和清水混合。

11 充分拌匀。

12 小锅中放一小块无盐黄油，小火化开。

13 倒入淀粉水，小火熬煮。

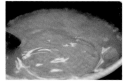

14 不时搅拌，熬煮至芡汁浓稠后关火。

15 浇在土豆泥上，就可以和小朋友们一起享用了。

小贴士

如果没有黄油，也可以用玉米油、葵花子油等淡味植物油代替。

干贝酿冬瓜

1岁及以上

食材

冬瓜 400g┃干贝 10个┃淀粉 5g┃前腿肉 60g┃
胡萝卜 20g┃小葱 1根┃老抽 2g┃植物油 适量┃清水 适量

冬瓜盛产于夏季，但因为成熟的冬瓜表皮上会附着白白的粉末，有如结了一层白霜一样，故得名冬瓜。烹煮过的瓜不仅肉质软嫩，滋味甘润，和肉类搭配，既能中和肉类的腻，又能让瓜肉变得香味十足。这道干贝酿冬瓜，用冬瓜做盅，搭配各式食材，简单、易上手且家常。鲜美的滋味和丰富的口感层次，相信大人、孩子都会特别喜欢。

1 干贝用清水浸泡2小时以上，泡软。

2 冬瓜去皮、切块前，先用模具刻出长方形，造型会更好看。

3 将冬瓜切成方块。

4 用小勺挖出小圆洞。

5 挖出的部分切碎。

6 胡萝卜切薄片。

7 小葱切末。

8 去皮前腿肉剁馅。

9 泡软的干贝撕成细丝。

10 和肉馅、葱花一起倒入搅拌碗里，搅拌均匀。

11 取适量填入冬瓜里。

12 盖上胡萝卜片。

13 在最顶部点缀少许肉糜。

14 冷水上锅，大火蒸15分钟左右。

15 蒸的时候准备芡汁。取小锅，倒入少许植物油。

16 加入冬瓜丁，小火翻炒约2分钟。

17 加入老抽和淀粉水。

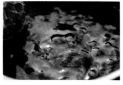

18 小火煮至芡汁浓稠后关火盛出。

19 在蒸好的冬瓜盅上淋入芡汁，即可享用。

小贴士

1 干贝也可以换成香菇、虾皮等。

2 前腿肉尽量用三分肥七分瘦的部分，蒸后的口感会软嫩不柴。

3 给大一些宝宝吃的话，可以在调馅时适量调入盐。

4 淀粉水可以用 5g 淀粉和适量清水勾兑。

1岁半及以上

干贝青瓜烙

食材

小青瓜 2根 ▍鸡蛋 2个 ▍中筋面粉 100g ▍干贝 10g ▍盐 3g

青瓜 腌渍后，口感会变得爽脆，做出小饼特别招小朋友喜欢，再加入干贝等鲜味氨基酸丰富的食材提鲜增香，就更加诱人了。

步骤

1 干贝提前用清水泡发。

2 小青瓜（小黄瓜）洗净后削去外皮。

3 用擦丝器擦成细蓉状。

4 加入盐，腌渍15分钟以上至水分渗出。

5 把水分充分挤出。

6 泡发好的干贝撕成小丝。

7 把干贝丝、青瓜蓉加入中筋面粉（普通面粉）中，打入鸡蛋。

8 根据宝宝年龄和口味再调入盐。

扫码观看视频

9 用筷子充分拌匀。

10 平底锅刷上薄油，开小火。

11 舀入适量面糊，摊成圆饼状。

12 煎至底部凝固微黄后，翻面继续煎。

13 煎至两面微黄，即可出锅。

小贴士

1 小青瓜腌渍出水后，煎的时候会更容易成形，口感也会更加爽脆。

2 因为小青瓜已用盐腌渍过，并且加入了干贝调味。如果宝宝年龄还比较小，可以省略加盐的步骤。

3 摊饼时尽量摊薄一些，方便煎熟。

3岁
及以上

蛤蜊粉丝煲

食材

蛤蜊 250g｜粉丝 1把｜葱 1根｜生抽 3g｜生姜 2片｜大蒜 2瓣｜老抽 2g｜盐 2g｜植物油 适量｜清水 适量

步骤

1 将蛤蜊放入盐水中浸泡，使其吐尽泥沙。

2 粉丝用清水浸没，浸泡至软。

3 蛤蜊用刷子把外壳洗刷干净。

4 冷水入锅，加入生姜片，煮至蛤蜊开口后捞出。

5 将小葱切末。

6 大蒜去皮、切末。

7 热锅少油，倒入葱花、蒜末翻炒出香味。

8 加入温水，调入生抽、老抽和盐。

蛤蜊不仅味道鲜甜，而且锌含量丰富，是经济实惠的海鲜食材。蛤蜊粉丝煲鲜美多汁，肥美的蛤蜊混着浓香的汤汁，被缠绕着的粉丝包裹着送入嘴里，那滋味别提多鲜美了！

扫码观看视频

9 煮开后关火备用。

10 把泡好的粉丝倒入砂锅里，加入蛤蜊。

11 注入煮好的酱汁。

12 盖上盖子大火煮开后，转中火继续煮6分钟左右，即可出锅。

小贴士

1 煮蛤蜊时，时间不宜过长，蛤蜊张口后就可以捞起，以免肉质变老。

2 粉丝的种类和粗细不同，煮的时间会稍有不同。要根据具体情况调整煮的时间，将粉丝完全煮软、煮熟。

DHA 是宝宝大脑发育、成长的重要物质之一，是神经系统细胞生长及维持的一种主要元素，对宝宝智力和视力至关重要。

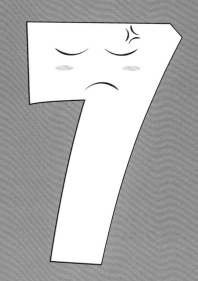

补DHA这么吃，
保证宝宝大脑发育所需

红薯鳕鱼丸

🍲 食材

鳕鱼 200g ▮ 红薯 100g ▮ 柠檬 1片

圆溜溜的丸子对于小宝宝而言，是最富有吸引力的造型之一。外形漂亮，易于抓握。大部分的辅食丸子以肉为主，这道红薯鳕鱼丸，用甜糯香软的红薯来做主材，再搭配鱼肉松，丰富的口感一定会让小宝宝兴奋得手舞足蹈起来！

扫码观看视频

🍴 步骤

1 鳕鱼洗净，切成小段。

2 挤入几滴柠檬汁，腌制15 分钟去腥。

3 将红薯削皮、切小丁。

4 一同冷水上锅，水开后蒸 12 分钟左右。

5 将蒸好的鱼肉细细切碎，制成鱼蓉。

6 将不粘锅用小火加热，倒入鱼蓉翻炒。

7 炒至鱼蓉松散、水分基本消失后，盛起备用。

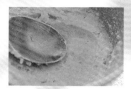

8 把蒸熟的红薯用勺背压成细腻的薯泥。

9 拌入部分鱼松，搅拌均匀。

10 取适量步骤 9 的混合物，团成丸子。

11 放在剩余的鱼松里滚上一圈，营养丰富的红薯鳕鱼丸就做好了。

小贴士

1 除了鳕鱼，其他无刺、少刺的鱼肉也可以按同样的方法制作。
2 红薯不易熟，所以要尽量切成小块，方便蒸熟、蒸透。可以将红薯替换成土豆、香芋、紫薯等根茎类食材。
3 如果选的鱼肉有细刺，要仔细挑出。
4 如果红薯不够甜润，可以加一点配方奶（牛奶）后再压成泥。

自制鱼豆腐

🍲 食材

鳕鱼 60g ▎蛋清 20g ▎玉米淀粉 10g ▎柠檬 1片

自古无鱼不成宴，高蛋白、低脂肪、好咀嚼、易吸收，和牛、羊肉相比，鱼肉更适合这一年龄段的宝宝食用。这道自制鱼豆腐入口软嫩，柔韧有弹性，既可以当家常菜，也可以作为年菜，涮火锅的话也能来上一份。为了做得更简单和健康，食材精简了不少，而且把油炸改为更温和的方式，更适合宝宝食用。

扫码观看视频

🍴 步骤

1 鳕鱼去皮、切小块，剁成鱼泥。

2 挤入几滴柠檬汁，腌制10 分钟去腥。

3 腌好后倒入蛋清和玉米淀粉。

4 准备一个方形模具，在底部和四周刷上一层薄油，方便脱模。

5 倒入鱼泥，将表面抹平。

6 在模具上倒扣一个平盘，防止鱼泥吸收水蒸气。

7 冷水上锅,大火蒸15分钟。

8 稍凉后，倒扣脱模。

9 用刀分割成小块。

10 平底锅热锅少油，放入鱼泥块。

11 小火煎至微黄后，用筷子翻面。

12 继续小火煎至两面微黄，即可出锅。

小贴士

1 也可以用三文鱼、鲅鱼等少刺、无刺的鱼肉代替鳕鱼，剁好后仔细抓捏一番，有小刺的话要挑出。

2 蛋清可以让肉质变得更嫩滑，如果宝宝对蛋清过敏，就不加。

3 如果家里有油纸的话，可在模具底部铺一张，有助于更好地脱模。

鳕鱼面线

9~10个月

🥘 食材

鳕鱼 50g｜茼蒿 1根｜柠檬 1片｜中筋面粉 35g｜
蛋黄 1个｜清水 适量

这道适合低龄宝宝的美味面线，借助裱
花袋就能轻松完成，营养丰富、口感细腻、质
地柔软，9个月左右的宝宝可以美美地享用。

🍲 步骤

1 鳕鱼洗净后切成小块。

2 倒入料理杯后，挤入几滴柠檬汁去腥。

3 用料理机搅打成细腻的鱼泥。

4 倒入中筋面粉中。

5 加入蛋黄和15g清水。

6 搅拌成细腻无疙瘩、提起勺子可以缓慢滑落的面糊。

7 烧开一锅水，把洗净的茼蒿根部先放入沸水中焯5秒，再整根放入，继续焯约30秒。

8 捞起沥干，切成末备用。

9 把面糊装入裱花袋中。

10 在裱花袋顶部剪出小孔。

11 重新烧一锅水，水开后转小火，保持微微沸腾的状态即可。

12 将裱花袋中的面糊打圈挤入汤锅中。

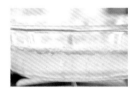

13 煮至面线全部浮起。

14 拌入菜末，继续煮约2分钟后出锅。

小贴士 🥄

1 也可以用其他无刺、无骨的鱼肉代替鳕鱼。

2 如果宝宝对蛋黄过敏的话，可以多加10g面粉和5g水来代替。

3 面糊不宜过稀或过稠，可以通过调整面粉和水的用量来控制。

4 剪的孔不宜太大，否则形成不了细长的面线。

7 补 DHA 这么吃，保证宝宝大脑发育所需　　183

小米裹鱼丸

11~12个月

🍲 **食材**

嫩豆腐 150g | 三文鱼 50g | 小米 30g
玉米淀粉 5g | 柠檬 1片

新鲜的小米口感黏糯，营
养成分高。用软嫩的鱼肉、豆腐
搭配金灿灿的小米外衣，营养丰
富、口感好。

扫码观看视频

🍲 步骤

1 小米用清水提前一夜浸泡。

2 三文鱼剁泥。

3 挤入几滴柠檬汁。

4 拌匀，腌制 10 分钟去腥。

5 嫩豆腐捣成泥。

6 倒入鱼泥中，再加入玉米淀粉。

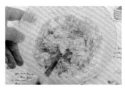

7 再次拌匀。

8 泡好的小米充分沥干水分备用。

9 取一小份鱼泥豆腐，团成小圆球。

10 裹上小米。

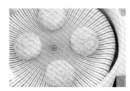

11 在平盘上码好。

12 上蒸锅，大火烧开后转中火，蒸约 20 分钟。

13 金灿灿的小米豆腐鱼丸就做好了，趁热开吃吧！

小贴士 🔧

1 小米一定要提前浸泡，泡透，否则蒸的时候容易夹生。

2 除了三文鱼，也可以换成其他无刺的鱼肉。

3 小米不需要提前煮，充分泡软、泡透就行。如果用煮好的小米来做，失去黏性就无法粘着在丸子的表面了。

11~12
个月

鱼香红米糕

🍽 食材

土豆 30g▍红米 20g▍西葫芦 10g▍三文鱼 10g▍
鸡蛋 1个▍柠檬 1片▍清水 适量

这道柔软易嚼的手指食物，用土豆搭配红米，
并且加入了蔬菜、鱼肉和鸡蛋，营养非常全面，讨巧
的造型相信也会让小宝宝轻易爱上。

扫码观看视频

🍳 步骤

1 红米提前用清水浸泡 2 小时以上。

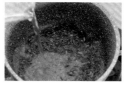

2 倒入锅里，加入适量清水。

3 中火煮约 25 分钟。

4 土豆去皮、切小丁。

5 加入快煮好的红米中。

6 继续煮约 10 分钟，至食材熟透软烂。

7 三文鱼剁成蓉。

8 西葫芦洗净、去皮，擦成细蓉。

9 把三文鱼和西葫芦连同煮好的红米、土豆一起倒入搅拌碗里。

10 打入一个鸡蛋，挤入柠檬汁后拌匀。

11 准备一个方形容器，四壁和底部刷一层薄油。

12 倒入混合液。

13 冷水上锅，在盖上盖子之前，给容器倒扣一个平盘，防止水蒸气回流。

14 中火蒸 15 分钟。

15 稍稍放凉后，用小刀沿四壁划一圈，倒扣脱模。

16 切成适合小宝宝抓握的小块，即可享用。

小贴士

1 可以用红米、黑米、糙米等粗粮来尝试。丰富的膳食纤维不仅让粗粮吃起来更有嚼劲，而且还能促进肠道蠕动，预防便秘。当然，为了更快、更好地把粗粮煮熟、煮透，可以适当延长浸泡时间。天气热时，可以放入冰箱冷藏浸泡过夜，第二天再来做。

2 水要一次性放够量，中途加水或者水太少会导致米粒夹生。

3 可以用其他鱼肉代替，但要注意去除干净小刺。

4 如果宝宝对鸡蛋过敏，可以改为加30mL配方奶（牛奶）和8g玉米淀粉（土豆淀粉、豌豆淀粉等）。

5 如果家里有油纸，可以剪出和模具底部一样的大小，铺在底部，有助于脱模。

6 一次吃不完的，密封后冰箱冷冻，但要在两周内吃完。

鱼酥盖饭

🍽 食材

三文鱼 250g｜冰糖 4g｜无盐黄油 3g｜盐 2g｜
柠檬 1片｜熟米饭 1小碗｜海苔 适量｜植物油 适量

肉松、肉酥等食材滋味鲜美、酥香可口，很多家长都喜欢将其拌在米饭中给小朋友食用。这道原汁原味的鱼酥，将鱼块蒸熟、碾压后小火炒至微微酥脆，不论是拌饭还是拌粥都会特别鲜美可口。相比于为了保质期更长，往往添加大量添加剂的鱼松鱼酥，自己在家做就放心得多了，并且简单方便，轻松就能完成。

扫码观看视频

🍴 步骤

1 三文鱼冷水上锅，水开后大火继续蒸 5 分钟。

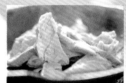

2 蒸熟后掰成小块。

3 加入无盐黄油，挤入几滴柠檬汁，抓匀备用。

4 热锅少油，放入少量冰糖，小火炒至冰糖融化成焦糖色。

5 加入三文鱼，小火不断翻炒。

6 加入盐，继续翻炒至三文鱼水分收干，变得焦脆。

7 盛出，加入煮好的米饭中，撒上海苔碎，即可开吃。

小贴士

1 黄油和柠檬汁都可以去除鱼腥味，加入黄油后，炒出来的鱼肉更加酥香可口。

2 如果宝宝的食物中还未添加盐，则不需要加。

三文鱼炒饭

食材

三文鱼 150g ┃ 芦笋 50g ┃ 熟米饭 1碗 ┃ 无盐黄油 5g ┃
生抽 2g ┃ 植物油 适量 ┃ 柠檬 2片

步骤

1 三文鱼切成小丁。

2 挤入几滴柠檬汁，腌制15 分钟左右去腥。

3 芦笋放入开水中焯至翠绿色。

4 快速过一下冷水，保持鲜脆口感。

5 切成小丁。

6 平底锅起小火，放一小块无盐黄油化开。

7 倒入三文鱼，小火煎至表面微黄。

8 盛起备用。

9 重新热锅,加入少许油。

10 倒入熟米饭，翻炒约3 分钟。

11 加入生抽，翻炒均匀。

12 加入芦笋丁和三文鱼丁。

13 翻炒均匀后即可出锅。

小贴士

1 蔬菜可根据个人喜好进行搭配，使用豌豆、胡萝卜、黄瓜、洋葱等均可。

2 用黄油来煎三文鱼，可以起到进一步去腥的作用。如果介意三文鱼的腥味，就要尽量用黄油来煎制哦。

3 大一些的宝宝或者大人吃，可以在出锅时再加盐调味。

炒饭的品种很多，简简单单的蛋炒饭就已经足够美味了。而不同食材的搭配，可以让炒饭变化出不同的味道组合。这道三文鱼炒饭，富含不饱和脂肪酸的三文鱼既能够给这道寻常菜肴增加营养，油脂渗入米饭当中，还会让这道炒饭更加鲜香滑口。

扫码观看视频

图书在版编目（CIP）数据

跟着拾爸做辅食，30分钟搞定宝宝爱吃的营养餐.
按功效加强篇 / 拾味爸爸著. — 北京：中国轻工业出版社，
2020.11

ISBN 978-7-5184-3202-8

Ⅰ.①跟… Ⅱ.①拾… Ⅲ.①婴幼儿 – 食谱 ②婴幼
儿 – 饮食营养学 Ⅳ.① TS972.162 ② R153.2

中国版本图书馆 CIP 数据核字（2020）第 183962 号

责任编辑：卢　晶　　责任终审：李建华　　整体设计：锋尚设计
策划编辑：卢　晶　　责任校对：李　靖　　责任监印：张京华

出版发行：中国轻工业出版社（北京东长安街6号，邮编：100740）
印　　刷：北京博海升彩色印刷有限公司
经　　销：各地新华书店
版　　次：2020年11月第1版第1次印刷
开　　本：720×1000　1/16　印张：12
字　　数：250千字
书　　号：ISBN 978-7-5184-3202-8　定价：49.80元
邮购电话：010-65241695
发行电话：010-85119835　传真：85113293
网　　址：http://www.chlip.com.cn
Email：club@chlip.com.cn
如发现图书残缺请与我社邮购联系调换
200325S1X101ZBW